# 三國戰役

## 一次掌握二十六場致勝謀略

1

STORY OF THE THREE KINGDOMS

李安石。著

# 孟子

宋·王安石

沉魄浮魂不可招，
遺篇一讀想風標。
何妨舉世嫌迂闊，
故有斯人慰寂寥。

# 赤壁懷古

清・秋瑾

潼潼水勢響江東，
此地曾聞用火攻。
怪道儂來憑弔日，
岸花焦灼尚餘紅。

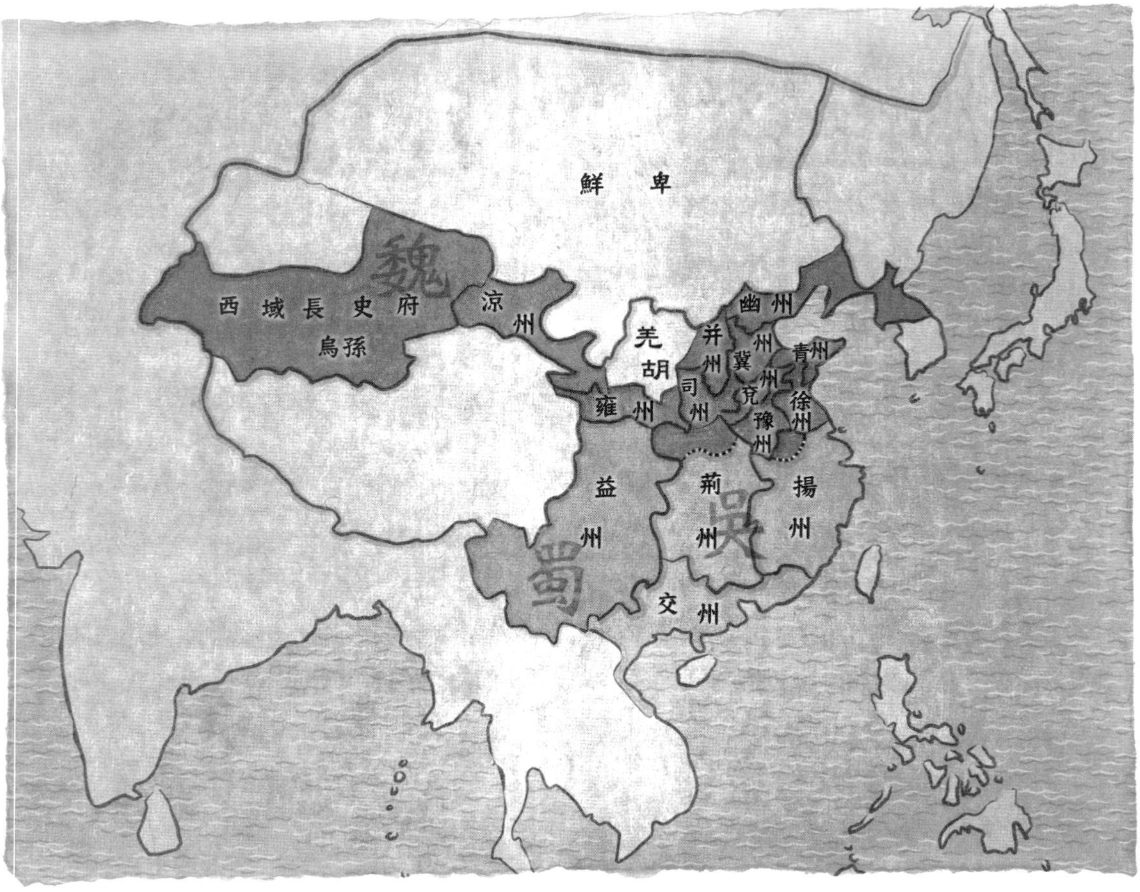

三國時期州界圖

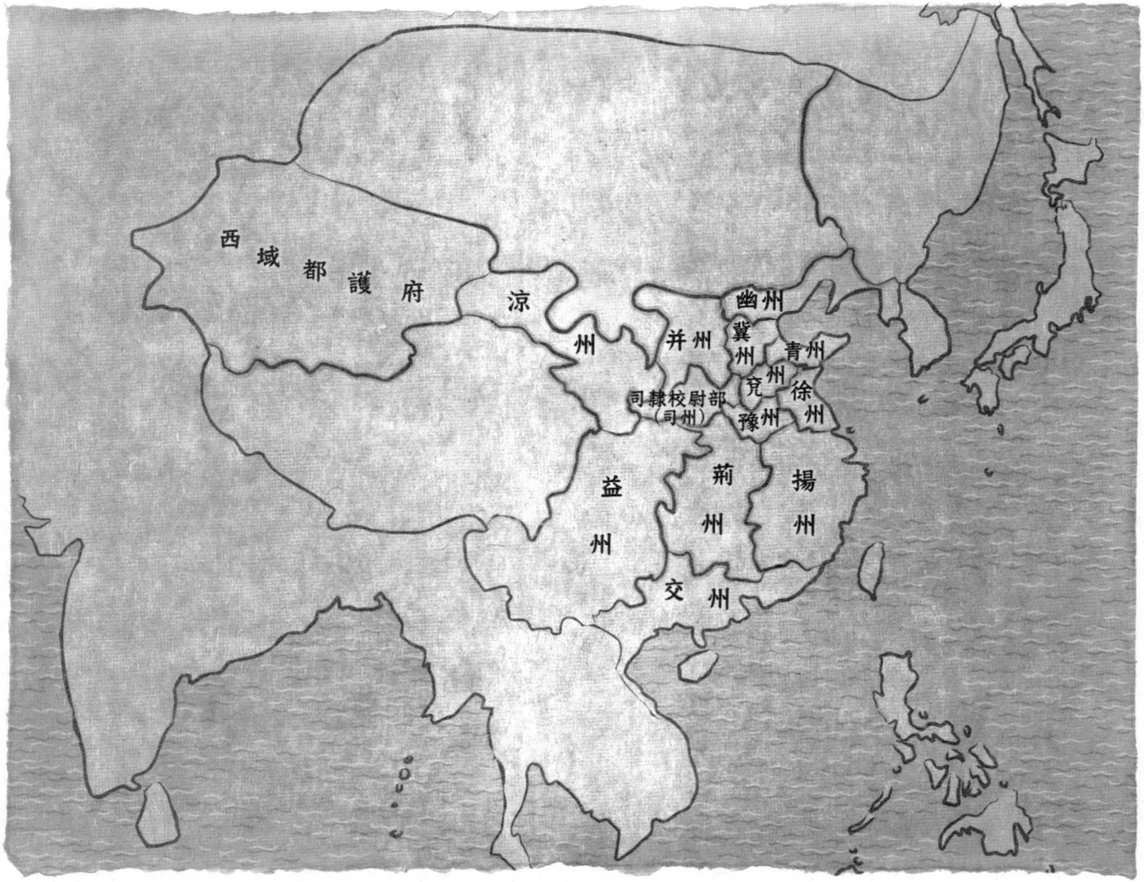


東漢末年州界圖

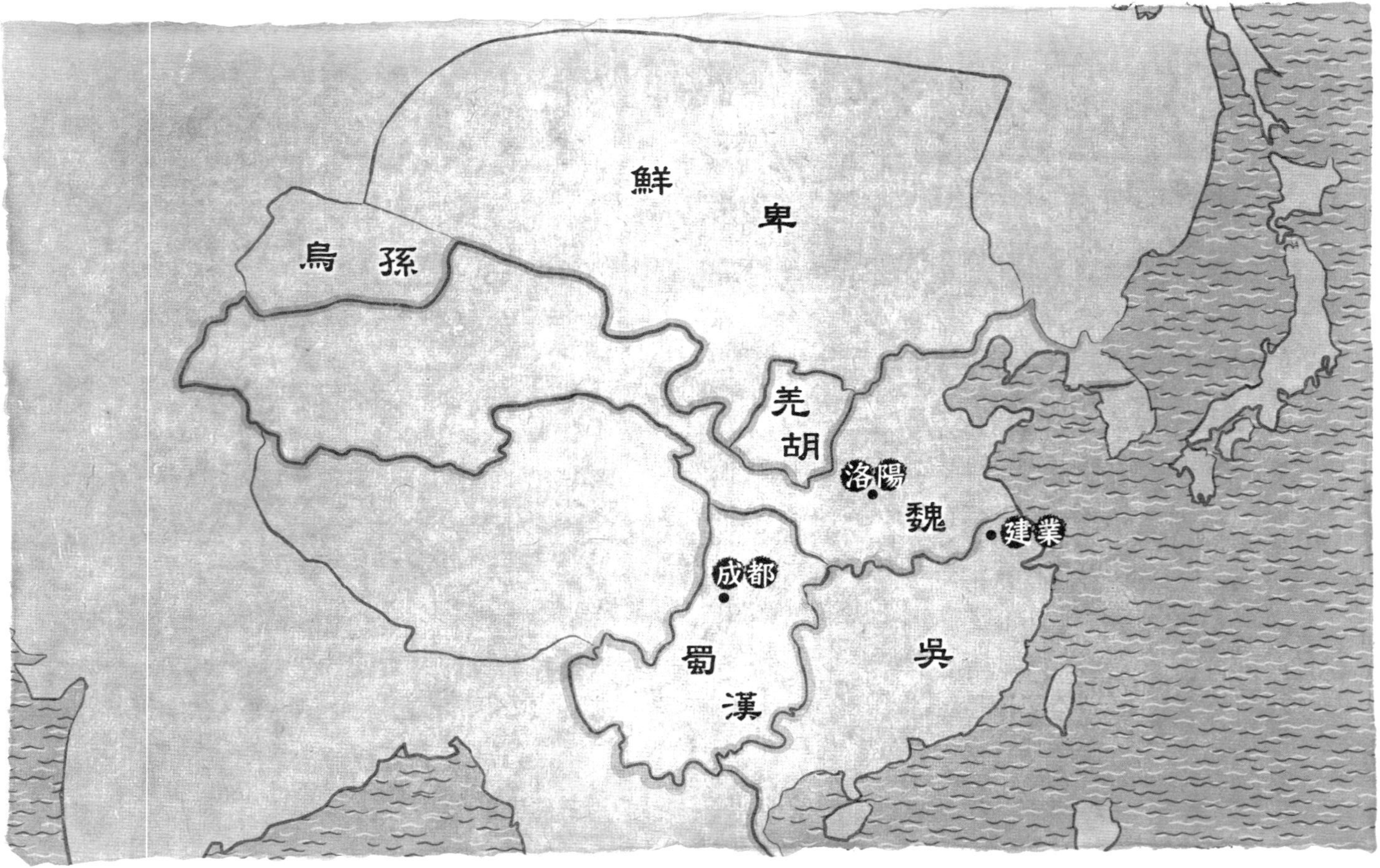


三國時期全圖

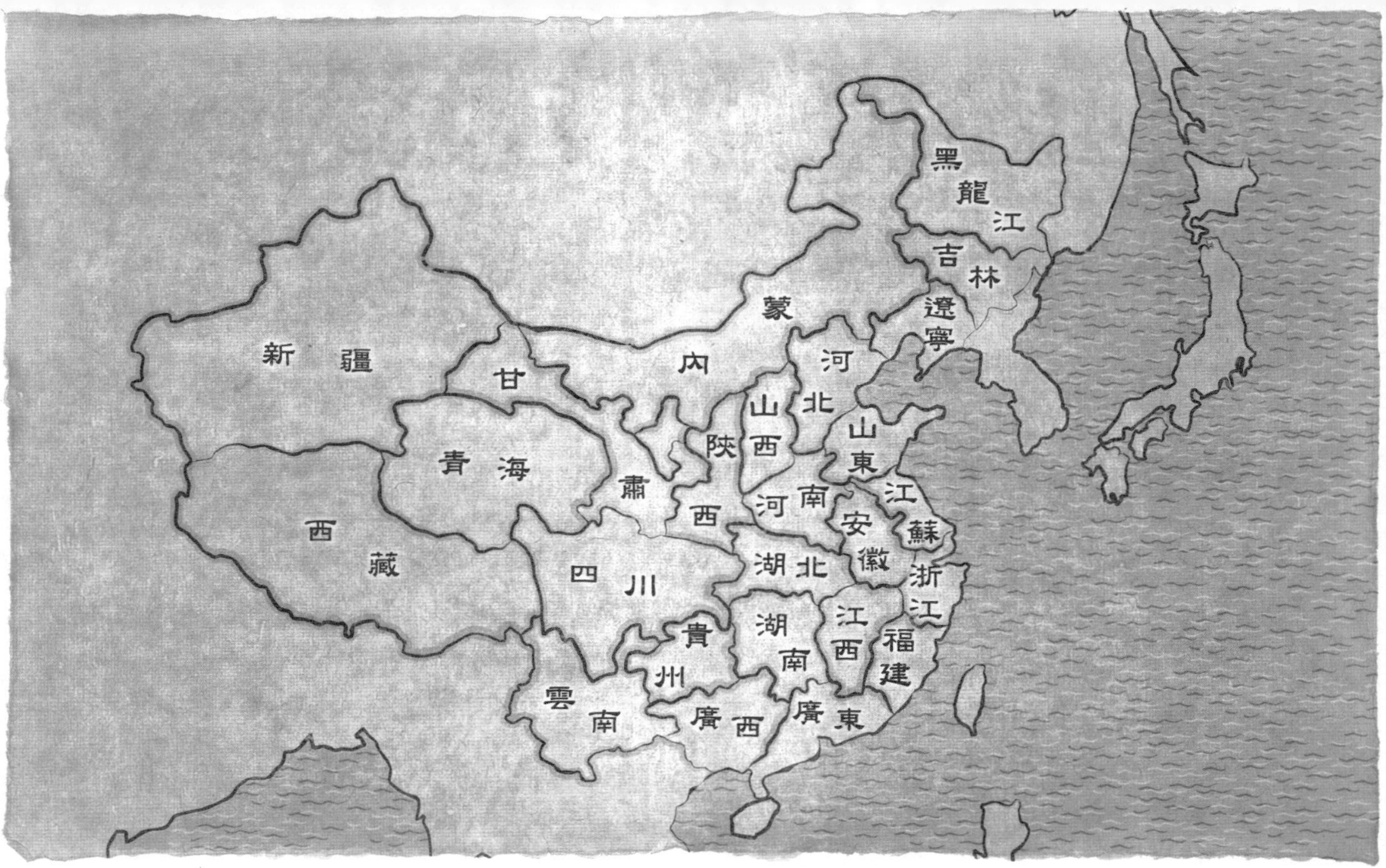
黑龍江
吉林
遼寧
蒙
內
新疆
甘
肅
青海
西藏
河北
山西
陝西
山東
河南
江蘇
安徽
浙江
湖北
四川
湖南
江西
福建
貴州
雲南
廣西
廣東

現今中國全圖

Contents

Contents

〈代總序〉

# 三國史中有我師

李安石

中國是個史學極發達的國家，史書汗牛充棟，其中，陳壽的《三國志》和《史記》、《漢書》、《後漢書》，並列為最好、最重要的「四史」。

在漫長的四千年中國歷史中，曾經走過成千上萬，在各個領域引領過風騷的奇才異能之士，其中，有三個最為人所熟知，千百年來普受億萬人尊仰的人物：孔子、關公與孔明，而後兩人，就是三國人物。

相對於其他朝代而言，三國史為期甚短，嚴格而言，不過六十年（從公元二二〇年曹丕代漢建魏，到公元二八〇年晉滅吳為止）。即使最廣義的三國史，也不過九十六年（從公元一八四年黃巾之亂起算）。

不僅時間短，三國也是中國歷史上人口最少的時代。在公元一五七年（東漢桓帝永壽三年）時，全中國還有五千六百四十八萬人，到了三國時，魏、吳、蜀加起來，不過一千三百一十四萬人。短短六十幾年時間，人口遽減了四千多萬，最大的原因，就是戰爭與饑荒。換句話說，在廣義的三國時代裡，整個中國，大都處在極度動盪不安之中。然而，以一個只有一千多萬的人口，一百年不到的朝代，三國卻是中國歷史上最引人注目、最受人重視的時代。非但如此，其受喜愛的程度，甚至超過了最有創造力的春秋、戰國。

除了關公、孔明的奇幻魅力，以及羅貫中《三國演義》的推波助瀾之外，最重要的原因是，三國是個在人才方面百花齊放的偉大時代。

清代史學大家趙翼在《二十二史札記》中說道：

「人才莫盛於三國，亦惟三國之主，各能用人。」

旨哉斯言，一語道破了三國時期在中國歷史上最大的特點。

事實上，就政治、軍事、經濟、文學、德行、智略……等各方面而言，三國無不奇才輩出；抑有進者，在勇士、義士、烈士、智士、高士、奇士、國士……方面，三國更是集一時之盛，而其質之精、量之多，在整個中國歷史上，更是少見。

以政治精英而言，曹操、劉備、孫權，都是能得人心，盡人力，才足以開基立業，能足以安邦定國，並引領過一時風騷的大略奇才。曹、劉都是白手起家的曠代英雄；前者掃平了群雄，結束了天下紛亂的局面，統一了北方。後者入據荊、益，建構了足以與魏、吳雙強相抗衡的蜀漢。孫權雖有些父兄餘蔭，但卻能以一個後生晚輩，全力經營江東，坐斷東南戰未休，力抗曹、劉這兩個老江湖。

弔詭的是，歷史給了這三雄縱橫馳騁的舞台，卻又讓他們彼此互為競爭對手，也因為三人旗鼓相當，誰也不具有壓倒性的優勢，所以，終三人之世，僅能維持三足鼎立之勢而已，而這正也是三國之所以精彩、動人乃至偉大的最重要原因。

細數一下歷史，從沒出現一個像三國這樣，三個一流雄才相爭的局面，不妨檢視一下幾個最偉大的開基立業之主，是如何取得天下的？

秦始皇固為霸才，但到底是憑藉幾代人、數百年的經營，才得以獨大的一強對六弱，順勢摧枯拉朽地掃滅了六國；劉邦文不能提筆為文，武不能上馬馳騁，但他命大福大，不但幾度幸運地死裡逃生，上天還特別眷顧地給了他韓信、張良、蕭何三大曠代奇才，以四對一地挑戰有勇無略而又頻頻失機的孤家寡人項羽；李世民雖極有智略，但對手李密、蕭銑、王世充、竇建德……等，雖也能擁兵暫成一方之霸，但一來德不足以服人，二來才亦不足以盡人，充其量不過是二、三流角色，根本不足以當世民一擊；趙匡胤更是歷史幸運兒，身處「時無英雄」的亂世，隨便搞個陳橋兵變，就黃袍加身。而他面對的，不是柴家孤兒寡母，就是李筠、李重進、李煜、劉鋹這些純粹陪走過場的龍套，當然取天下易如反掌了。

三國之所以精彩，關鍵就在於曹、劉、孫三雄從無到有的聚眾用士、開疆闢土的過程，以及彼此間奇謀迭出，高來高去的明爭暗鬥。其間的過程決非獅子對兔子的一面倒戲碼，而是龍與虎間的高手大對決。

除了曹、劉、孫之外，諸葛亮和關羽更是把三國的歷史知名度推向高峰的兩大關鍵人物。前者以其完美的道德形象與全面性的才學知名，早已成為智慧的象徵；後者則因忠義勇武，成為中國武將的代表——號稱武聖。少了這兩人，即使有曹、劉、孫三雄，三國也將失色不少。

就軍事將才而言，除了戰國之外，歷史上，很少在同一時間內，同時出現過這麼多指揮若定，能在談笑間將檣櫓灰飛煙滅的疆場英雄。

周瑜在赤壁大戰中，以三萬兵大破當時的超強曹操的數十萬大軍，為天下三分奠定了基礎，早成了傳頌千古的風流人物；呂蒙則用兵如神，屢屢不戰而屈人之兵，終為東吳奪取了荊州，讓孫權的江東霸業，更形穩固；陸遜則最能料敵相敵，致人而不致於人，在夷陵大戰中，將劉備殺得全軍覆沒，使蜀漢由盛轉衰；陸抗曾以一敵四，破平步闡之亂，並以一身之力，頂住西晉壓力，延後了東吳國祚八年；張郃不但勇略兼備，更是第一個打敗諸葛亮的曹魏名將；司馬懿最善於審時度勢，因事制宜，曾全面地主宰了新城、遼東兩場戰役；鄧艾則擅長出其不意，終以奇兵滅蜀，成為打翻三國拼圖的第一人。

在文學大家方面，曹操的文才，在歷代帝王中，獨步千古，光一首〈短歌行〉，就足以讓他和中國文學史上的第一流詩人比肩了；曹丕是歷史上第一位文學理論家；曹植是文思最敏捷的天才；以王粲為首的建安七才子，則曾文領風騷。

搞經濟的高手方面，諸葛亮讓蜀漢物阜民豐，社會安定；棗祗、任峻建置屯田，基本上解決了困擾曹魏已久的糧食問題；徐邈為涼州刺史時，把向來苦乏糧穀的涼州，治理得家家豐足，倉庫盈溢；杜畿則是讓河東百姓安居飽足，倉廩充實的天下第一太守。

在智略奇才方面，簡直是三國的特產。和軍事將才一樣，除了戰國之外，歷史上，從沒有在這麼短的時間內，同時出現過這麼多總明絕頂且富於奇謀偉略的人傑。最具代表性者，自然是諸葛亮，此外還有：龐統、法正、沮授、田豐、周瑜、魯肅、呂蒙、陸遜、陸抗、荀彧、荀攸、劉曄、郭嘉、賈詡、蔣濟、程昱、司馬懿……，其中任何一人，都是足以為國師的大才。

然而，三國之所以動人，之所以偉大，還不僅於此，在那個艱難混亂的時代，三國人更是器宇軒昂，經常步履從容地以生命為大是大非與真理情義背書，充分展現了最高的道德、最純的志節、最堅定的勇氣、最動人的義氣、最具縱深的智略乃至於最悍猛的勇武，不斷地創造典範，不斷地寫下傳奇，建構成一部波瀾壯闊、引人入勝的三國史！

三國人物的全面性，尤其令人津津樂道！

論勇將：呂布、關羽、張飛、趙雲、馬超、張遼、曹仁、甘寧、文鴦……，都是萬人敵。

論勇士：許褚與典韋是最具代表性的人物，即使面對烏獲、孟賁，也不遑多讓。

論義士：有陳容、太史慈、淩統、陸胤、是儀、嚴顏、東吳四壯士……。

論烈士：有臧洪、龐德、閻溫、傅彤、程畿……。

論高士：有管寧、邴原、田疇、王修、袁渙、張範……。

論奇士：有蓋勳、陳登、賈詡、虞翻、嵇康、華佗……。

論國士：有諸葛亮、龐統、荀彧、荀攸、周瑜、魯肅、呂蒙、陸遜、陸抗……。

然而，三國之所以精彩、動人，不僅是這些留名青史的檯面上人物，連最底層的小百姓、小士卒乃至於深閨中的婦女，也頗有佳作。不僅如此，在整個三國時代，除了董卓、孫皓、李傕、郭汜、呂壹……等少數人之外，幾乎沒有罪不容誅的大奸大惡，讓人不禁對三國時人普遍的高格調與大格局，驚歎不已。

曹魏名臣賈逵，早年代理河東郡絳邑長時，袁譚部將郭援來攻河東，所經城邑皆下，只有賈逵堅守不動，郭援請來援兵強攻，絳縣將潰，城中父老與郭援約言，不傷害賈逵即降。城破後，郭援知道賈逵富於聲名，想任他為將，左右人強引賈逵叩頭領受，賈逵怒斥拒絕，郭援一怒，要殺賈逵，絳縣吏民知道後，爬上城頭大吼：

「負約殺我賢君，寧與之俱死！」

連郭援左右都被賈逵感動，紛紛為之緩頰，郭援不得已，只好暫時放過賈逵，把他關入大牢，擇日開刀。

賈逵在牢中對守衛感歎道：

「難道這裡沒有好漢嗎？為什麼讓義士屈死於此！」

有個叫祝公道的人，與賈逵非親非故，聽到賈逵這話，憐惜他因義受難，半夜裡劫獄，把賈逵放走。

郭援破敗後，賈逵才訪知恩人姓名。後來，祝公道犯法當斬，賈逵力救不得，遂為他服喪，以表謝意。

杜畿在擔任河東太守期間，政績傑出，極得民心。曹操征漢中時，河東郡負責派五千人運糧，受召的郡民都彼此互勉道：

「人生總有一死，但不能辜負我們府君。」

全程竟無一人逃亡，順利地把糧秣運抵漢中。

吳主孫皓，是個大暴君，上台不久，便把東吳搞得民盡國竭。有一次，居然還自不量力的親率大軍，並帶上太后、皇后及後宮數千人，打算北伐西晉，路上碰到大雪，道壞難行，孫皓竟下令全副武裝的士兵，每百人拉一車，當場累死、凍死了許多人，兵士們都憤怒地揚言：

「如果碰到敵人，一定倒戈。」

孫皓一聽，怕了，這才回師。

公元二五七年（魏甘露二年），魏征東大將軍諸葛誕反，相持一年後，兵敗被殺，手下親信數百人被俘，個個自動排列，聲言「為諸葛公死，無恨」，魏軍每殺一人，就問降不降？降即不殺，但沒有一個人屈服，最後全部被斬。

東吳丹楊太守孫翊，為部屬媯覽、戴員所殺，媯、戴並打算以丹楊郡投曹魏。

孫翊夫人徐氏，雖身陷危境，卻能運用智謀，連絡了幾個孫翊舊將，設計殺了媯、戴二賊，不但為夫報了仇，還保全了丹楊郡。

所謂「婦女尚如此！男子安可逢？」三國人物之精彩，由此可見矣！

事實上，論三國英雄，說三國之史，三天三夜也講不完。筆者和多數人一樣，在少年時期，就讀過羅貫中的《三國演義》，當時，就曾為書中的故事與人物所著迷。隨著年紀漸長，閱讀日廣，慢慢地對書中許多不合邏輯且幾近神話的情節如：關羽斬華雄、諸葛亮草船借箭、借東風、三氣周公瑾、既生瑜何生亮……；以及曹操、周瑜、魯肅等人的真實面相……產生懷疑。於是轉向陳壽的《三國志》正史求答案，發現《三國演義》中諸多不符史實之處，尤其對關羽、諸葛亮、劉備揄揚過度，而對曹操、周瑜、魯肅……等又極盡扭曲醜化之能事；事實上，諸葛亮誠然智謀超群，才德兼備，基本品質接近「聖人」，但也決非無所不能的神人；關、劉的確是中國歷史上一流的英雄俊傑，一樣也非完璧無瑕；更離譜的是，把曹操寫成大奸大惡的大黑臉，周瑜則是個鼠肚雞腸，老被諸葛亮耍得團團轉的無才無德的庸夫俗子，魯肅則成了個呆頭呆腦的好好先生。然而，真實的曹操，非常人性化，有其陰暗面，更有其光明面。曹操的陰暗面，在於不容邊讓、屠徐州、殺楊修、崔琰……等；但他的光明面，更值得讓人稱道，光看他對待關羽、陳宮、臧霸、張繡……這些敵人，乃至於徐翕、畢諶、魏种……等叛徒的大度雍容，就充分表現出他是個具有大格局、大器度的大政治家，他的才略，即使面對秦皇、漢武、唐宗、宋祖，不但毫不遜色，在文學創作及學識方面，更遠非這四大帝王所能及，只是運氣不佳，碰上了劉、孫這兩個強勁的對手（劉、孫亦當如是），才讓他始終難圓統一天下的美夢。

周瑜是中國歷史上少見的可人兒，幾乎集合了所有優點於一身，不但是個風流倜儻的美男子，而且能文——極懂音律，更能武——用兵如神。更難得的是，雖有大功、居高位，卻不恃才傲物，不盛氣凌人，對主上忠心耿耿，對部屬大度寬容，連原先很不服他的老將程普，也不免口服心服地讚道：

「與周公瑾交，若飲醇醪，不覺自醉！」

赤壁大戰時，若少了他，曹操早已統一天下，哪還有什麼「三國演義」！

魯肅則是東吳第一號大戰略家，生性慷慨，喜解人患又勇武。他初見孫權，就為東吳建立了日後建國綱領——拋開不可復興的漢室，先求鼎足江東，觀天下之變，然後建號帝王以圖天下，建立漢高帝之業。不僅提升了孫權的眼界，更放大了東吳的格局，其戰略高度，直追諸葛亮的〈隆中對〉，和毛玠的「奉天子以令不臣」。

近年來，拜電玩之賜，三國故事，頗風靡於一時，但電玩大都本於《三國演義》，《三國演義》當作小說看則可，當作歷史來讀則極不宜，鑑於正史未暇讀、未易讀，筆者遂決定以陳壽的《三國志》為基礎，編寫一系列的三國故事，除了提供一個從正史的角度認識真正的三國之外，最重要的一點是，寫出個人自家對歷史上頂天立地、嶔崎磊落人物的一些體會，來與相識、未識的朋友互相切磋。

公元一六六四年（清康熙三年），亡明遺老張煌言（蒼水）抗清失敗後，不久被俘，檻車解送杭州，路過家鄉鄞縣，在與親友訣別時，寫下了一首動人的〈甲辰八月辭故里〉詩作：

國亡家破欲何之？西子湖頭有我師。
日月雙懸于氏墓，乾坤半壁岳家祠。
慚將素手分三席，敢為丹心借一枝！
他日素車東浙路，怒濤豈必屬鴟夷？

對於一個有志節的士大夫而言，面對國亡家破，只有以于謙、岳飛為師，一死報國而已！

對於一個世亂道亡的時代，所最欠缺、所最應師法的則是：什麼是是非？什麼是情義？什麼是格調？什麼是格局？什麼是智謀？什麼是勇氣？而就這幾點而言，三國史中有我師存焉！

## 〈序〉

李安石

在短短九十六年的廣義三國史中，共打了大大小小一百九十六仗，平均每年兩次多，其頻繁的程度，堪稱歷朝歷代第一，遠遠超過時間達兩百五十四年，總次數兩百二十七戰，平均一年只有將近一次的戰國時代。

三國的戰爭裡，幾乎讓我們看盡各種戰爭百態，其中的智、計、奇、謀、義、勇，簡直像一本戰爭大全，令人目不暇給，歎為觀止。可以這麼說，就戰爭形態與內容而言，幾乎可以說，「前三國者，三國不遺，後三國者，不能遺三國。」

孫子兵法中，不戰而屈人之兵，是戰爭的最高境界。在三國中，最少出現過三次：袁紹外施以形勢壓力，內逞口舌雄辯，就讓冀州牧韓馥乖乖地舉州奉上，袁紹就此一步步走向三國前期的超強之路。

呂蒙奉命領兵兩萬奪取荊州三郡，結果呂蒙先是以書信招降二郡，後又虛張聲勢，再以一番說辭，讓另一郡自動開城獻降。但他最厲害的是，在突襲南郡時，以心理戰術孤立關羽，最後順利將這個一代虎將擒殺，輕而易舉奪取了荊州。

在處軍料敵，知己知彼方面，表現最突出的，則是司馬懿，他也憑藉這個本領，在上庸與遼東之戰中，全面地主導情勢，迅速擒殺了孟達與公孫淵。

若論出奇致勝，則以鄧艾最擅勝場，在魏滅蜀之戰中，他讓姜維到劍閣與鍾會相持，自己卻率軍從陰平直趨成都，如天降神兵般地兵臨京師，蜀漢猝不及防之餘，只有豎白旗投降。

戰爭是既凶險又玩命的事，所以，勝利方程式不外勇與略，但張遼卻能憑藉無比勇氣，無懼於百倍以上優勢的敵軍，奮勇出擊，在合肥保衛戰中，以八百騎大破孫權的十萬大軍，不但創下以寡勝眾的少見紀錄，更讓三國大英雄孫權終生對他畏懼不已！

若論三國最漂亮的戰役，則晉、吳西陵之戰，必為其中之一，陸抗面對包含西晉名將羊祜在內，來自各方的四路敵軍，指揮若定，圍點打援，以一敵四，輕鬆將敵人打退，徹底平定了步闡之亂。

然而，在三國的一百九十六場戰爭中，最重要、最具規模者，莫過於以下三役：

一、官渡大戰，袁紹與曹操為了爭奪神州首強，在官渡陳兵對決，最後曹操打敗了袁紹，一躍而為主宰天下大勢的超強，從此邁向統一北方的大業。

二、赤壁大戰，曹操掃平北方群雄後，率領了數十萬大軍——三國史上最大的部隊——南下攻伐東吳，卻在周瑜的運籌帷幄下，慘敗北逃，不但統一天下的美夢從此破碎，更讓孫權坐穩江東、劉備趁機崛起，天下三分的態勢因此底定。

三、夷陵之戰，劉備為了奪回荊州，並報關羽被殺之仇，不顧群臣反對，傾全國之力，大舉攻吳，東吳大將陸遜先是誘敵深入，堅壁不與戰，待蜀漢師老兵疲時，發動火攻奇襲，將劉備殺得全軍覆沒，劉備因而憤死，蜀漢國力也從此大衰，最後因此累死了諸葛亮。

這三場大戰的結果，不但大大地影響了歷史方向，也是歷史上三大著名戰役。所以，我們用了相當的篇幅詳細做了介紹。值得注意的是，這三戰共同的結果，都是寡擊眾，弱勝強；這個事實印證了一點，決定戰爭勝負的關鍵，不僅在裝備的好壞、兵員的多寡與訓練，更重要的是知己知彼的功夫，以及因事制宜的謀略，這是閱讀本書最好的借鑑。

# 一

# 袁紹取冀州之戰：

## 袁紹 VS. 韓馥

## 袁紹躍居神州首強的第一戰

# 戰役一覽表

一、發生年代：公元一九一年（漢初平二年）。

二、戰爭原因：勃海太守袁紹企圖奪取冀州。

三、天下形勢：董卓把持朝政，自爲太師，位居諸侯王之上，漢獻帝形同傀儡。地方則群雄割據：韓馥據冀州，劉虞據幽州，劉表據荊州，劉焉據益州，陶謙據徐州，公孫度據遼東，袁術據南陽，曹操據東郡。

四、雙方主將：袁紹 vs. 韓馥。

袁紹副將：公孫瓚、麴義、逢紀、高幹、辛評、荀諶、郭圖等。

韓馥副將：耿武、閔純、李歷、趙浮、程奐等。

五、運用策略：袁紹抓住韓馥無能、怕事的弱點，先以小型軍事行動造成形勢壓力，再以說客施加心理壓力，內外兼攻，終於不戰而取得了地廣、人眾、資豐的冀州。

六、造成影響：韓馥成爲第一個在群雄爭霸戰中出局的州牧。袁紹則以冀州爲基礎，後來打敗了公孫瓚，一躍成爲據有冀、幽、青、并四州的三國前期超強。

在整個三國時代，最厲害的英雄，前三名自然是曹操、孫權與劉備。這三條好漢，在神州大地縱橫馳騁，東征西討，最後三分天下，創造了三國時代。

## 三國史中三大狗熊

有英雄就有狗熊，三國的割據「豪強」中，最沒出息、最孬的前三名，莫過於韓馥、劉琮與劉璋。

劉璋頭腦不清，識人不明，盡打不切實際的如意算盤。把劉備請到益州，希望他幫忙打張魯、拒曹操；結果，張魯沒打成，曹操也沒來，反而被迫拱手讓出益州。

劉琮才剛繼承了荊州，曹操就兵臨城下，儘管荊州物阜民豐，甲士十萬，但劉琮怕死了曹操，打都不敢打，就把荊州獻給了曹操。

韓馥呢？更窩囊了！

劉璋是誤上了部屬張松、法正的賊船，讓劉備步步為營，寸寸進逼；在形勢壓力下，才不得不屈服的。

劉琮呢？就是倒楣，誰教他碰上的對手是曹操呢？以袁紹之強，都被曹操收拾掉了，劉琮又能有什麼選擇？

## 三國第一孬——韓馥

韓馥的對手，既不是劉備，更不是曹操，而只是袁紹，而且是還沒轉強的袁紹。那時候的袁紹，不過是冀州轄下的勃海太守而已；論官階，韓馥是袁紹的頂頭上司；論兵眾與資源，韓馥更是絕對優勢。結果，袁紹連兵都沒出，不過小使了一點手段，稍動了一下舌頭，韓馥就乖乖地把整個冀州奉上，奉上了還成天緊張兮兮，最後嚇得自殺！

公元一九一年（漢初平二年），袁紹以勃海太守的身分，率領各地群雄，討伐董卓。這時的袁紹聲望雖高，但地盤卻很小；所以，糧食、物質都仰賴上司冀州牧韓馥的供應。

韓馥這個人，能力差，心眼小，格局更小。董卓之亂開始後，各地豪傑都想起來討伐，袁紹當時正窩在勃海，韓馥便派人監視他，讓袁紹一下子動不了。

## 幫袁家呢？還是幫董家？

東郡太守橋瑁為了策動豪傑起事，偽造了朝廷高官的書信，分發各州郡；信中陳列董卓的諸多罪惡，呼籲大家支持袁紹，一起討伐董卓。韓馥收到信後，居然這麼問部屬：

「現在的局勢，幫袁家呢？還是幫董家？」

看到主官這麼小鼻子、小眼睛，治中從事劉子惠很不客氣地回道：

「興兵是為了國家，沒什麼袁家、董家的！」

韓馥聽了，面有愧色，劉子惠接著說：

「戰爭是凶險的事，不可帶頭，不妨先觀望，有人先動，我們再附合；我們冀州的兵力又不比別人的差，所以，日後功勞也將比別人的大。」

韓馥覺得有道理，這才寫信給袁紹，支持他起兵。

然而，韓馥雖說支持袁紹出來主持討伐董卓，但看到袁紹很得人心，心裡很吃味，於是暗中抵制，對袁紹的各種供應支援，不是打折扣，就是拖時間，企圖削弱袁紹的力量，想讓他的部眾因此而離散。

韓馥不但對外面的局勢看不清、搞不好，對自己內部陣腳也壓不住、管不了。正當他不斷對外玩花樣、搞鬥爭時，部將麴義起來造反，不但將韓馥打敗，還轉頭和袁紹交好；麴義素來知兵能戰，他的反叛，不但削弱了韓馥的力量，而且讓袁紹的實力因此提升了不少。

## 韓馥軟柿子，袁紹趁機捏

袁紹手下的謀士逄紀，把這些形勢看在眼裡，對袁紹提出建議：

「將軍您正在進行宏圖大業，如果沒有一個州做根據地，不但事業難成，也將難以自保啊！」

勃海郡隸屬於冀州，袁紹當然知道逄紀的所謂據有一州，指的就是冀州，便回道：

「冀州的兵力很強，我們的士卒既疲憊又缺糧，這事非同小可，如果不成功，恐怕我們連立足之地都沒有了。」

逢紀很有把握地說：

「韓馥是個窩囊廢，不妨私下找公孫瓚向冀州進軍。在公孫瓚大軍壓境的壓力下，韓馥必然恐懼，我們趁機派出能言善道的人，向他剖析利害；在匆促之間，韓馥一定肯讓出冀州來。」

袁紹覺得可行，隨即祕密寫信給在幽州的公孫瓚。公孫瓚立即出兵，表面上宣稱要討伐董卓，實際上，卻把軍隊開向韓馥。韓馥派兵出戰，被公孫瓚打敗，嚇得他乾脆躲起來，不敢再面對公孫瓚。

看到招數奏效，袁紹打蛇隨棍上，立刻派出外甥高幹以及和韓馥很親近的辛評、荀諶與郭圖去做說客。

## 恐嚇戰術

一見面，說客們就先嚇唬韓馥：

「公孫瓚率領大軍乘勝而來，沿途諸郡紛紛響應，可說銳不可當。另一方面，袁將軍也領兵朝您這裡前進，不曉得他是怎麼個打算，我們可真替您擔憂啊！」

韓馥一聽，開始緊張了：

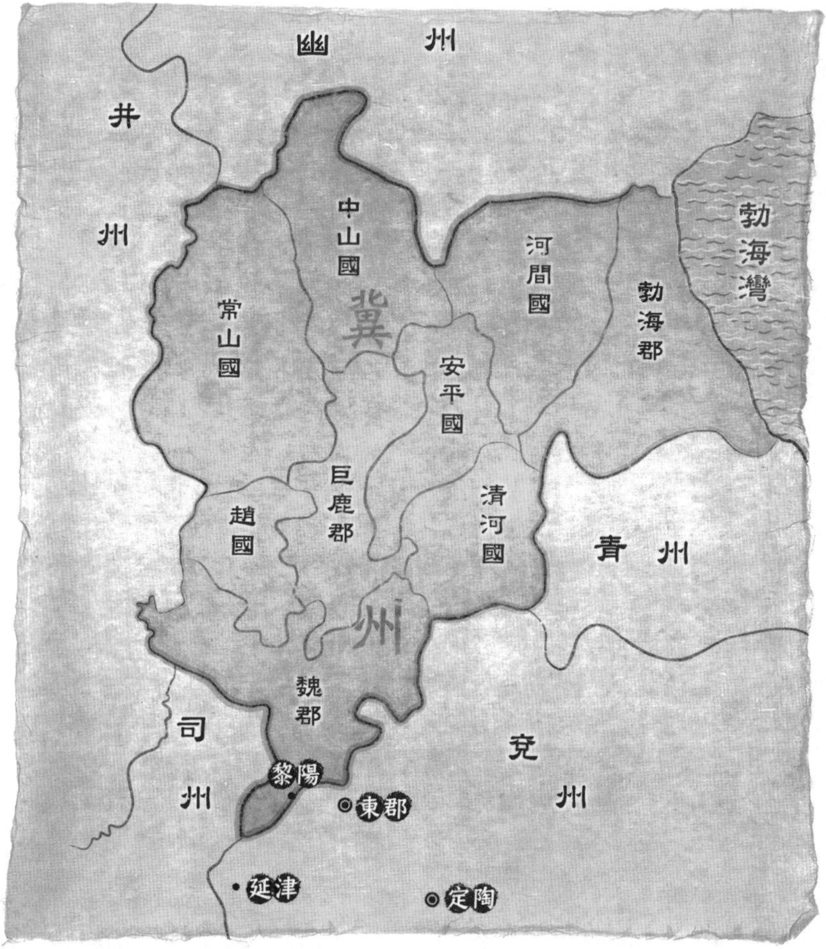


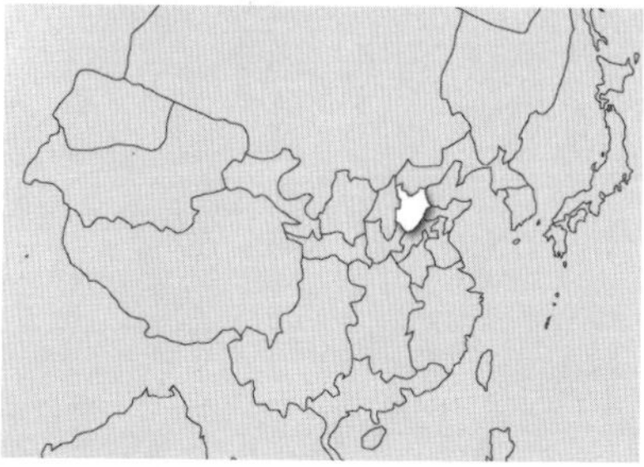

## 袁紹取冀州之戰

冀州共含九個郡與國。袁紹最早的地盤，不過是右上角勃海郡這麼塊小地方而已，但他竟能以智計，讓冀州刺史韓馥白白奉上整個冀州，這是袁紹生平唯一「打」得最漂亮的一仗，而他也以冀州為基礎，打敗了公孫瓚，同時據有冀、幽、青、井四州，一躍而成為當時的超強。

「那該怎麼辦呢?」

荀諶看到話已經接上頭了,便逐步施壓:

「您自己覺得寬大、仁愛,器量大而為天下所歸心,比起袁紹來如何?」

韓馥回答不如。

「面臨危機能以奇謀決疑,智勇出眾過人,比起袁紹來如何?」

韓馥還是認為不如。

「世世代代廣布恩德,讓天下的家庭受實惠,比起袁紹來又如何?」

韓馥依然承認不如。

看到韓馥已經被徹底壓制住後,荀諶決定「收網」了:

「袁紹是當代人中俊傑,將軍您處在三大條件都不如他的形勢下,卻壓在他的頭頂上,他一定不會久居在您之下。冀州是天下的物資重地,他若與公孫瓚聯手,冀州就馬上陷入危機!」

頓了一下,荀諶發現韓馥臉上並沒有反彈的表情,又接著說道:

「話說回來,袁紹是您的舊識,大家又都是討伐董卓的同盟,就實際情勢來看,您若能把整個冀州讓給他,他一定會重重地報答您,如此,就連公孫瓚也將莫可奈何了。這一來,您不但能享有讓賢的名聲,還能穩當地保全身家性命呢!」

韓馥生性膽小怕事,自己手下的麴義就夠他受了,公孫瓚又在旁邊虎視眈眈,現在又加上個袁紹,一個比一個難搞,萬一三個人聯手,他肯定吃不了兜著走。想著想著，愈覺得荀諶的話有道理極了。

## 雙手奉上冀州

韓馥的部下耿武、閔純、李歷知道這事，力勸不可：

「咱們冀州，兵強馬壯，糧食又充裕，袁紹勢孤力單，仰望我們接濟，才得以存活；就好像懷中的嬰兒，只要斷了奶，就可以活活餓死他，憑什麼我們要把整個冀州給他！」

沒想到，韓馥居然這樣回答：

「我本來就是袁家早先的部屬，才能又不如袁紹，自知能力不如而讓賢，這是古人所讚美的行為，你們有什麼好反對的呢？」

事實上，不只這三人反對，先前，韓馥兩個部屬趙浮、程奐聽到後，也帶了大軍趕來對韓馥說：

「袁紹的軍糧早就吃光，部隊也已幾乎瓦解，雖然還有張楊、於扶羅跟著他，但未必為他所用，根本不是對手。我們特前來請准出戰，十天左右，就可將袁紹打垮，將軍您盡可高枕無憂，沒什麼好擔心害怕的！」

韓馥早就嚇傻了，根本什麼也聽不進去，終於還是拱手把冀州奉上。袁紹從此據有了冀州，而韓馥則被奪了兵，撤了官，兩手空空，只剩下袁紹給他的「奮威將軍」空頭封號而已。

## 自己嚇死自己

韓馥在冀州待不下去了，只好到兗州投奔陳留太守張邈。有一天，袁紹派人到張邈處談事情，韓馥看到使者和張邈講悄悄話，以為在商量圖謀他，不禁愈想愈害怕，自己跑到廁所用書刀【註】自殺而死。

袁紹略施小計，便不費吹灰之力取得了冀州，踏出了往後事業顛峰的第一步。幾年後，他又從公孫瓚手中奪取了幽州，隨後又拿下了青州、并州，成為當時的神州首強，這都拜韓馥之賜啊！

註 書刀就是書寫用的刀。當時，毛筆和紙雖都已發明，但仍不普遍，書刀還是當時人書寫的主要工具之一。

二

# 兗州爭奪戰：

## 曹操 VS.呂布

曹操從失兗州到收復兗州

# 戰役一覽表

一、發生年代：公元一九四至一九五年（漢興平元年至二年）

二、戰爭原因：曹操部屬陳宮利用曹操遠征徐州陶謙時，聯合陳留太守張邈，迎入呂布，奪取了兗州，曹操不甘損失，遂與呂布展開長達一年的爭戰。

三、天下形勢：袁紹据冀州，與公孫瓚爭戰不休。劉備領（兼任）豫州（史稱劉備爲劉豫州，自此始），陶謙死後，劉備據有徐州，孫策威震江東。

四、雙方主將：曹操 vs. 呂布。
曹方副將：荀彧、程昱、典韋。
呂方副將：陳宮、高順。

五、運用策略：雙方相持一年，曹操布下埋伏，呂布貿進中計，被曹操殺得大敗，逃奔徐州投劉備。

六、造成影響：曹操從此穩據兗州，並以此爲基礎，四處征戰，終於統一了北方。

公元一九四年（漢興平元年），陳宮利用曹操遠征徐州陶謙，兗州內部空虛的時機，與境內的陳留太守張邈聯手，迎接呂布，占據了兗州。

## 陳宮和張邈何以叛曹？

兗州是曹操的地盤，陳宮是曹操信任的部屬，張邈則是曹操的老朋友，這二人為什麼背叛曹操呢？

陳宮叛曹，是因為不滿曹操先前殺了邊讓。邊讓素有才名，但也不免恃才傲物，他很看不起曹操，曾講了幾句批曹的話，曹操一怒，殺了邊讓全家。陳宮的性格很像邊讓，邊讓之死，讓他頗有兔死狐悲之感，因而種下了反曹因子。

而張邈反曹，是因為害怕曹操終會殺了他。張邈很早就是袁紹與曹操的好朋友，當大夥兒一起討董卓時，張邈因為看不慣袁紹身為盟主卻頗有驕色，講了他幾句，袁紹怒火中燒，叫曹操把張邈殺掉，但曹操基於義氣，反過頭來勸袁紹：「孟卓（張邈，字孟卓）是好哥兒們，他有什麼不對，應該多寬容；現在天下還沒安定，怎能自相殘殺呢？」

曹操和張邈的交情還不只是這樣，他第一次出兵徐州打陶謙時，就決心死戰。臨走前，還叮嚀家人：

「我如果回不來，可去投靠張邈。」

後來曹操回師，還與張邈垂泣相對。曹操與張邈的交情之深，由此可見。

事實上，以當時曹、張二人的交情而言，曹操根本不會有殺張邈的意思。然而，所謂形勢比人強，張邈心裡始終有個陰影，因為袁紹太強了，曹操終究會選擇袁紹而站在他的對立面；不僅如此，本來位在己下的曹操，現在反成了頂頭上司【註一】，對他的態度似乎也大不如前，讓張邈心裡很不平衡。在這些心理壓力下，他為了自保，接受陳宮的遊說，同意反曹迎呂。

人間事就是這麼回事，當情誼與情勢產生衝突時，多數人都會選擇順應情勢，捨棄情誼；而這也就是大丈夫、真情人始終是人間稀有品種的主要原因。

陳留有個名叫高柔的年輕人，把這個人間定律看得很透澈，早早就曾對鄉人說：

「曹操雖然據有兗州，也有四方之志，但恐怕不容易安居兗州。道理不難理解，張邈憑藉陳留這個資本，隨時蓄勢而發；兗州必會有動亂，我們一起避開如何？」

鄉人聽了，根本不信，因為曹操與張邈的交情實在太好了，怎麼可能翻臉呢？高柔一看勸不動鄉人，自己跑到河北投靠從兄高幹（袁紹外甥），後來因此而躲過了一場災難。

註一 陳留是兗州治下的一個郡，曹操成了兗州之主，身為陳留太守（郡的最高行政首長）的張邈，理所當然的變成曹操的部屬。

## 呂布白得兗州

呂布對這個「天上掉下來的禮物」，自然喜不自勝，因為當時他正在走霉運呢！

呂布自從殺了董卓後，被李傕、郭汜打敗。想投袁術，袁術拒而不收；轉投袁紹，袁紹不但不要，還想殺他滅口；只好到河內投奔太守張楊。途中碰到張邈，兩人倒頗投機；在這個機緣下，張邈覺得可以拉呂抗曹以自保；三方各有盤算，兗州因此宣告易手。

呂布一入主兗州，各郡果然紛紛響應，只有鄄城、范縣、東阿不肯附合。

呂布一進入兗州，張邈便派人對荀彧說：

「呂將軍來幫助曹將軍打陶謙，應趕緊供應一切軍需。」

## 荀彧當機立斷

荀彧是何等人物！他可是曹操手下第一號謀士，素來多智計、富奇謀，很得曹操信重。曹操去徐州打陶謙【註二】，特別留他在鄄城管事。當張邈才剛出手，眾人還搞不清楚怎麼回事時，他就已經知道張邈有變，兗州出大事了。而當要之務，就是設法保住這僅存的三城，為曹操留一線回師反攻的生機。於是他當機立斷，火速把東郡太守夏侯惇從濮陽召來；夏侯惇一到，誅殺了不少謀叛者，才把鄄城局面安定下來。

註二 曹操之所以要攻陶謙，原因之一是陶謙部將張闓殺了其父曹嵩，曹操認為陶謙在背後主謀，一定要為父報仇；再者，曹操是有四方之志的人，徐州鄰近兗州，是曹操向外拓展的主要目標之一，曹父之死，正好給了曹操向徐州出師的好藉口。

這時，豫州刺史郭貢以為有機可乘，忽然帶了數萬軍，兵臨鄄城，要求會見荀彧。當時，大家都以為郭貢與呂布同謀，反對荀彧去見，荀彧說：

「郭貢與張邈從未有什麼交情，事情一起他就來，顯然和張邈還沒有什麼協議；趁他們協議未定時說服他，就算不幫我們，也可讓他中立；若是先懷疑他，恐怕會激成事變，使郭、張聯手，那我們麻煩就大了。」

於是，從容地會見郭貢，郭貢覺得鄄城不易攻，便撤兵走了。

## 程昱出馬穩住二城

鄄城穩下來後，接下來就是力守范縣與東阿不失。荀彧獲得情報，陳宮將攻東阿，氾嶷負責取范縣，便把原本是東阿人的程昱找來：

「現在整個兗州幾乎全反，只剩下這三城；眼下陳宮又發動大軍，準備展開攻擊，若不能緊密地拉攏人心，這三城也將危急；您素有民望，應該去好好慰撫一番。」

范縣在鄄城與東阿之間，從鄄城往東阿，一定得先經過范縣。程昱到范縣對縣令靳允大展辯才：

「聽說呂布把您的母親、弟弟和妻子都抓起來了；對一個孝子而言，心情自然沉重。然而，現在天下雖大亂，群雄競逐，但終會出現一個能主宰時局、安定天下的人，這是聰明人最重要的選擇。呂布是個有勇無謀的匹夫，雖然兵多而得意一時，但他們之間各懷鬼胎，終究不會成功。曹使君（漢時對州、郡長官的稱呼）智謀超群，是天下第一的英雄，將來必成大業，該怎麼選擇，您自然清楚。所以，您一定要堅守范縣，我則負責東阿，事成就有田單那樣的功勞；這樣，難道不比您違背忠義去追隨惡人，結果慘遭抄家滅族要好嗎？請好好考慮吧！」

在程昱軟硬兼施的滔滔雄辯下，靳允被說動，流著眼淚說：

「我不敢有二心。」

正好氾嶷人就在縣內，靳允把氾嶷找來殺了，下令堅城固守，范縣因此穩住。程昱到了東阿，發現東阿令棗祗【註三】已經完成動員，嚴陣以待，陳宮根本沒機會，三城因此全部保住了。

曹操回師後，非常感念程昱，親切地拉著他的手謝道：

「沒有你這麼盡力，我就無家可歸了！」

## 勇士典韋大顯神威

曹操回來時，呂布從濮陽攻鄄城不下，又回師濮陽。曹操立刻向濮陽進軍，雙方展開了一場驚心動魄的濮陽之戰。

呂布有一支部隊駐紮在濮陽西邊，曹操趁夜偷襲得手，還沒來得及回頭，呂布正好趕到，立刻親自搏戰；從日出到日落，交戰數十回合，雙方相持不下，情勢十分嚴峻。曹操臨時召募突陣敢

註三 棗祗是曹操手下極重要的人物。本姓棘，先人為了避難，改姓棗。他很早便向曹操建議屯田，這個計畫後來由任峻執行，數年之中，倉廩皆滿，曹氏軍國之饒，起於棗祗而成於任峻，棗祗後來當了陳留太守。

死隊，司馬典韋率先應募，並由他統率進擊。面對呂布軍弓弩亂發，矢箭如雨，典韋絲毫不為所動，對身邊的勇士說：

「敵人來到距我們十步的地方，再告訴我。」

勇士們急著回應：

「已經十步了！」

典韋依然不理，說：

「五步時再說。」

這時，眾人都嚇壞了，厲聲大喊：

「敵人已在眼前了！」

典韋聲至身起，手持鐵戟，大聲吼叫的衝入敵陣；所到之處，無不披靡，終於把敵人擊退。曹操順利撤退，將典韋調任為貼身侍衛。

濮陽大戶田氏騙曹操願為內應，曹操上當兵敗，被呂布手下騎士逮住；騎士不認識曹操，問曹操在哪？曹操回答乘黃馬逃跑者就是；騎士丟下曹操去追騎黃馬的人，曹操才得以逃脫。

曹、呂相持了一百多天，雙方都因缺糧打不下去了，才各自引兵退去，結束了慘烈的濮陽之戰。

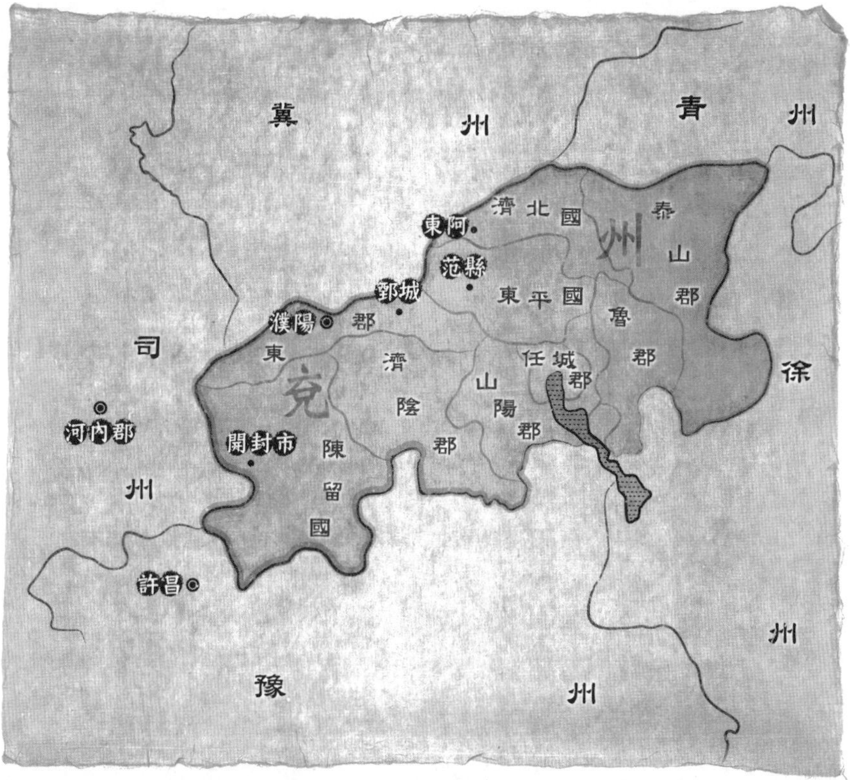


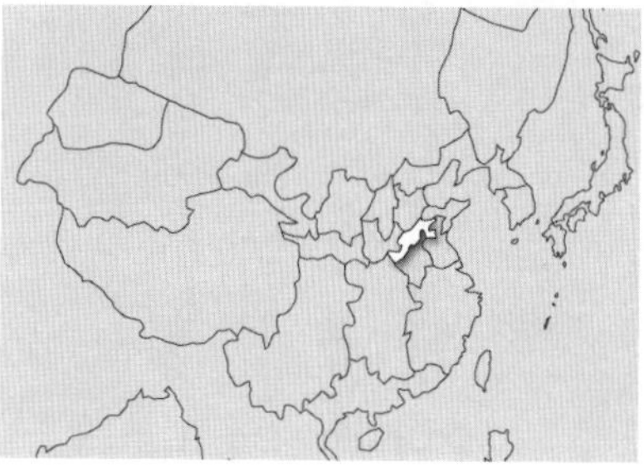

## 兗州爭奪戰

曹操部下陳宮，利用曹操遠征徐州陶謙時，與陳留太守張邈聯手，把呂布迎入兗州。

當時，呂布被袁紹趕走，只好離開冀州，投奔司州的河內太守張楊，途中碰到陳留太守張邈，正好陳宮來迎，呂布遂據有兗州。

呂布一入兗州，各郡、縣紛紛響應，只有鄄、范、東阿三縣不動，但三城形勢也岌岌可危，在荀彧與程昱聯手下，才把這三城穩住。

曹操回師後，就以這三城爲根據地，在濮陽與呂布展開大戰，終於大破呂布，奪回了兗州。

## 曹操收復兗州

經過一番休整，呂布率大軍來攻曹操，正好曹軍在外搶割麥子，留守士兵還不滿一千人，根本不可能擋住呂軍。面對緊急情況，曹操審度了附近的地形後，下令城中婦女全部登上城頭防守，自己則帶著士兵堅守營屯。呂布一到，就被眼前的景象搞糊塗了，怎麼成了婦女守城呢？一轉頭又看到附近有一大片極幽密的樹林，頓時「恍然大悟」的宣布：

「曹操詭計多端，我們可別上當。」

原來，他以為曹操故布疑陣，在樹林裡設下伏兵，準備「侍候」他，於是撤退。

曹操算準了呂布今天不攻，明天必來，於是事先做好了一番布置。第二天，呂布果然又率軍而來，曹操先以輕軍接戰，且戰且退。慢慢地把呂布追進埋伏區，忽然之間，殺聲四起，曹軍從兩方蜂擁而出；呂軍一時應變不及，被曹操殺得大敗虧輸，人馬輜重損失無數，已毫無再戰之力了。

經過這次的慘敗，呂布知道無法再待在兗州，只好到徐州投奔劉備。呂布一離開兗州，曹操立刻分兵收復各郡縣，終於又把整個兗州拿了回來。沒多久，朝廷除（授職）曹操為兗州牧，曹操從此穩坐兗州。

三

# 東郡之戰：

## 臧洪 VS. 袁紹

## 三國史上最壯烈的一役

# 戰役一覽表

一、發生年代：公元一九五年（漢興平二年）。

二、戰爭原因：東郡太守臧洪不滿主公冀州牧袁紹不准他發兵救援被曹操圍攻於雍丘的好友張超，導致張超敗死，一怒而與袁紹決裂，袁紹遂以壓倒性優勢兵力圍攻東郡。

三、天下形勢：曹操打敗呂布，收復兗州。孫策南下經營江東有成，袁紹據有冀州，沮授勸袁迎天子，不聽。

四、雙方主將：臧洪 vs. 袁紹。

五、運用策略：袁軍十則圍之，以壓倒性優勢兵力，攻破兵力少、資源匱乏的東郡郡治東武陽城。

六、造成影響：城破之後，袁紹一天之內連殺了臧洪、陳容兩位烈士，這種無識、無量的作爲，更讓許多一流英傑不肯投袁，形成後來袁紹爭雄天下失敗的遠因之一。

公元一九五年（漢興平二年），曹操把呂布打敗，兗州失而復得，呂布逃到徐州，投奔劉備。當時，大力支持呂布的陳留太守張邈，和呂布一起逃亡；臨走前，把家屬留置在陳留郡的雍丘，讓弟弟張超鎮守。

## 曹操圍攻雍丘

呂布敗逃後，曹操率軍把雍丘包圍，展開猛烈攻擊。

曹操打雍丘，有公私兩個原因。公的方面是把支持呂布的殘餘勢力徹底趕出兗州，因為陳留郡屬於兗州，曹操是兗州之主，自然無法容忍境內有不服他的勢力；私的方面是報復張邈。張邈原是他的老朋友，卻和陳宮聯手，趁他去徐州打陶謙時，引來呂布，奪取了兗州，害他差一點有家歸不得，這個仇若不報，怨氣難消。

雍丘城小兵少，單憑一己之力，絕對抵擋不住曹操的攻勢。

## 臧洪是天下義士，必會來救我

張超知道自身處境危險，為了激勵部屬，他公開宣稱：

「不敢奢望別人，但臧洪一定會來救我。」

然而，眾人都很不以為然，因為當時曹操和袁紹正處蜜月期，而臧洪正是袁紹手下的東郡太守，部屬怎可能違背上司，自取禍機呢？但張超很有把握地說：

「子源（臧洪，字子源）是天下義士，絕非忘本的人；怕的是受到上級壓制，想來來不了，想救不及救而已。」

張超之所以這麼有把握，除了他和臧洪交情極好之外，最重要的一點是，他深知臧洪是個輕生死、重義氣的熱血男兒。

## 袁紹不准臧洪出兵

張超的推測一點沒錯，臧洪一聽到張超落難，傷心流淚之餘，一面調集手下的人馬，一面向袁紹請求援軍，想立即奔赴雍丘去營救張超。

然而，正如張超所顧慮的，袁紹當然不願輕易得罪「好友」曹操，不但不肯派兵增援，也不許臧洪帶自己的兵前去搭救。

幾個月後，曹操攻破雍丘，不只殺光了張邈家人，連張超也一併給宰了。臧洪恨袁紹不讓他出兵救援，因而害死了張超，便與袁紹一刀兩斷。

夥計竟然敢和大老闆頂著幹，袁紹當然無法容忍。於是出動大軍，將臧洪所在的東郡郡治東武陽團團圍住；但攻了一年，卻拿不下東武陽；袁紹便改採軟攻，讓臧洪的同鄉好友，也是大才子的陳琳寫信招降。臧洪回信斷然拒絕，信中不但挖苦了陳琳一番，還表示寧死不降的決心：

「行矣孔璋，足下徼利於境外，臧洪授命於君親，吾子託身於盟主，臧洪策名於長安，子謂余身死而名滅，僕亦笑子生死而無聞焉，悲哉！本同而末離，努力努力，夫復何言！」【註】

文字悲壯而動人。袁紹看了信後，知道臧洪絕不會投降，便增加兵力強攻。

## 死守東武陽

沒多久，城中糧食將盡，也不會有援軍來。臧洪知道遲早守不住，對部屬說：

「臧洪基於大義，不得不死；但諸君和袁氏向無仇怨，因為我才招惹這件禍事，趁現在城還沒被攻破，趕快帶著妻兒逃走吧！」

消息一出，軍民們都流著淚說：

「大人和袁氏本來沒有仇怨，只是為了本朝郡將的緣故，因而使自己陷入困境，我們怎麼忍心棄您而去呢！」

於是，全城軍民一心死守。之後，當所有糧食都耗盡了，便開始挖老鼠、煮各式皮件來吃；沒多久，老鼠挖光了，連皮革也沒得啃了。這時候，有個部屬找到了三升米，想煮點稠粥給臧洪吃，臧洪說：

「我怎麼可能單獨嚥得下去呢！」

便命人煮成稀粥，讓所有人共享。最後，乾脆連自己的愛妾也殺了，供將士們充飢；將士們感動得淚流滿面，不能抬起頭仰望臧洪。

在飢餓的侵襲下，城中有七、八千人餓死，但沒有一個人逃亡或投降。

註 白話翻譯：「再見了，孔璋（陳琳，字孔璋）老友！老兄在臣道之外謀求私利，我則是為君親效死命；你投身依附豪強盟主，我則奉臣節於朝廷，你認為我必身死而名滅，我也笑你無論生死，都將沒沒無聞，真是悲哀啊！你我本質原相同，如今卻分道揚鑣，除了各自努力，還有什麼好說的呢！」

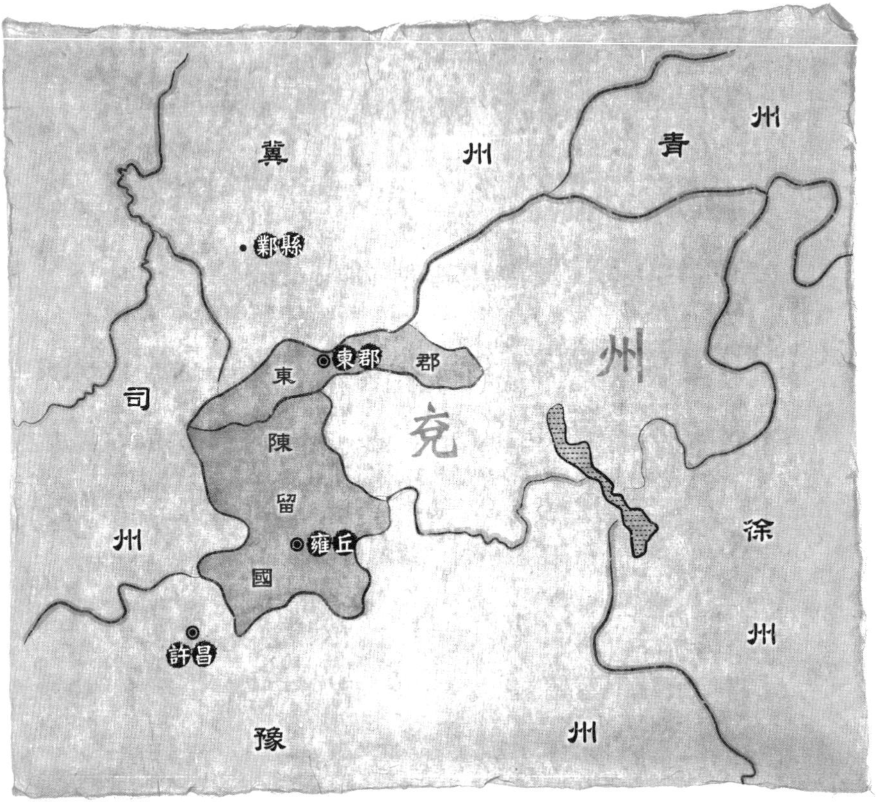


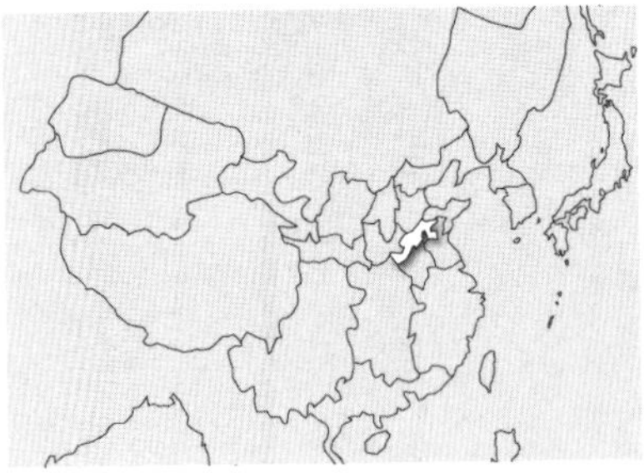

## 東郡之戰

曹操把呂布趕出兗州之後，順勢清除仇敵陳留太守張邈在兗州的殘餘勢力，張邈逃離陳留，把防守之責與家屬全託給弟弟張超。

曹操率軍圍攻張超所在的雍丘，破殺了張超。

張超好友，東郡太守臧洪恨主公冀州之主袁紹不准他去救張超，以致張超兵敗身亡，遂與袁紹絕裂，袁紹一怒，發兵攻東郡，將臧洪擒殺。

餓著肚子，當然不能打仗；不久，城就被攻陷了，臧洪遭到生擒。

## 怒斥袁紹無情無義

袁紹素來十分欣賞臧洪，一見面，雖有責備，但並不想取他性命，便硬中帶軟地說道：

「臧洪，為什麼這麼辜負我？你現在服了嗎？」

沒想到，臧洪根本不領情，怒目而視地斥責道：

「袁家素為權臣，四代人出了五個三公級的大官，漢家的恩惠已經夠深了；然而，現在的王室衰弱，你袁紹不但沒有感恩扶持，為國除害，反而殺害忠良以立姦威。只可歎我臧洪力量太小，不能揮刀為天下人報仇，哪有什麼服不服的！」

袁紹知道臧洪怨恨他，再也不會為他效力，不得已，只好把臧洪殺了。

## 陳容罵袁而死

臧洪有個名叫陳容的書生同鄉，素來欽慕臧洪，隨他在東郡任職。城破之前，被臧洪派出城，而臧洪遇害時他也在場。陳容親眼目睹袁紹殺死臧洪，憤然站出來指責袁紹說：

「將軍想成就大業，以為天下除暴；現在大業還未成，卻殺光了忠義之士，這豈是合乎天道的做法？臧洪的所作所為，不過是為了他的故主，為何因此濫殺呢？」

袁紹聽了很慚愧。左右的人怕陳容闖禍，想把他帶出去，便勸陳容：

「你又不是臧洪同一類人，幹什麼說這些呢？」

陳容回過頭來，慷慨陳辭：

「仁義哪有一定形式，遵循的就是君子，違背的就是小人；今天，我寧願與臧洪同日而死，也不願與你袁將軍同日而生！」

這一來，很讓袁紹顏面掃地，難以下台，便乾脆連陳容也一起殺了。在座的袁紹將吏，無不歎息道：

「何故一日內連殺兩位烈士呢！」

然而，故事還沒完，有兩個被臧洪派出向呂布求救的將士，在回城稟報時，發現城破臧洪死，不但不逃，反而衝向袁軍，力戰而死。

## 三國為什麼是個偉大的時代？

就廣義的標準而言，三國時代不過短短九十六年（從公元一八四年的黃巾之亂到二八〇年的吳國滅亡），卻在四千多年的中國歷史上，占有重要的一席之地。而為人所熟知並津津樂道的，除了曹操、劉備、孫權、諸葛亮、關羽、周瑜……這些風流人物之外；更重要的是，三國時承襲了東漢以來的遺風，奇才、名士、烈士、高士、國士輩出，集一時之盛。臧洪在三國史中，雖然不算是影響時局的大人物，但渾身義氣、滿腔熱血形塑而成的男子漢大丈夫形象，正是三國之所以動人的重要原因之一。

四

# 幽州爭奪戰：

## 公孫瓚 vs. 劉虞／袁紹 vs. 公孫瓚

## 公孫瓚之崛起與殞落

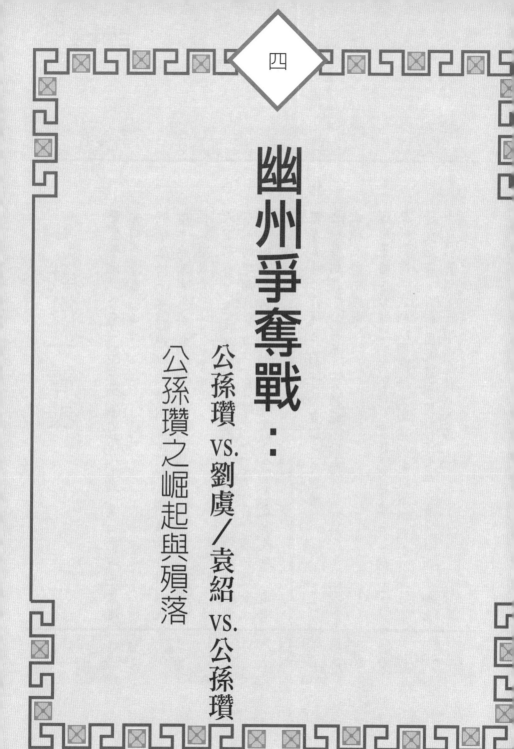

# 戰役一覽表

一、發生年代：公元一九三年至一九九年（漢初平四年至建安四年）。

二、戰爭原因：公孫瓚與上司劉虞失和，劉虞發兵討伐失敗，幽州遂入公孫瓚之手。公孫瓚又與袁紹爲敵，雙方因此展開長達七年的爭戰。

三、天下形勢：曹操征陶謙。劉備領徐州牧。曹操大破呂布，朝廷拜爲兗州牧。曹操迎天子至許昌，開始號令天下。袁術稱帝於壽春。曹操破殺呂布。袁術敗死。張繡降曹操。

四、雙方主將：公孫瓚vs.劉虞，袁紹vs.公孫瓚。
公孫瓚副將：公孫越、公孫範、關靖、公孫續。
袁紹副將：麴義。

五、運用策略：公孫瓚利用劉虞「愛民，可煩也」【註一】的弱點，擊敗劉虞。袁紹以圍城持久戰與將計就計破殺公孫瓚。

六、造成影響：袁紹因此戰而同時據有幽、青、幷州，加上原有的冀州，一躍而爲神州首強。

公元一八八年（漢中平五年），朝廷派任劉虞為幽州牧，首要任務為討平叛將張純。

劉虞到任沒多久，與張純合謀反叛的烏丸首領丘力居，立刻和張純拆夥。張純頓時勢單力孤，再也起不了什麼作用；劉虞見事態緩和，便把軍隊撤回，留下原幽州降虜校尉公孫瓚，率領一萬兵屯駐於右北平郡。

## 公孫瓚、劉虞交惡

公孫瓚生性悍猛，素來仇視胡人。張純不久後被部下所殺，劉虞不願事態擴大，想就此結案；但公孫瓚卻主張全力追剿烏丸，兩人因此種下了心結。

公元一九一年（漢初平二年），在朝廷任侍中的劉虞兒子劉和，奉漢獻帝之命，逃回幽州，讓劉虞出兵長安，迎獻帝回洛陽。

劉和走到南陽，碰到了太守袁術；袁術想引劉虞為奧援，便把劉和留住，讓劉和寫信給劉虞，說是一起出兵向西（長安）迎獻帝，劉虞便派了幾千人馬到劉和處。公孫瓚早知道袁術心懷不軌，自己想當皇帝，根本不可能為漢獻帝盡心盡力，力勸劉虞不要派兵；但劉虞並不接受，還是讓隊伍去了。

公孫瓚怕袁術知道他阻止劉虞派兵，怪罪於他，為了掩飾，也派堂弟公孫越帶了一千兵到袁術那裡，私下並建議袁術囚禁劉

註一 這句話出自《孫子兵法》的「九變篇」。民指的是老百姓與部屬，煩是煩擾、打擊之意。整句的意思是，利用對手過度愛護百姓、士卒的仁心，擔心造成犧牲而不敢放手死拚的特點或弱點，盡可能地攻其所愛，就會使其疲於奔命，煩勞不已，因而戰力大減而致敗。

和，把兵權奪下來；劉虞對公孫瓚的兩面人做法很不滿，兩人怨愈結愈深。

## 劉虞反對公孫瓚對袁紹用兵

公孫越在袁術處，奉命和孫堅一起打袁紹，不幸被袁軍流箭射死。公孫瓚認定公孫越之死，責任在袁紹，遂公開與袁紹為敵，兩人展開長達數年的廝殺。

劉虞對公孫瓚長期對袁紹用兵很不以為然，數度勸阻不聽後，改以削減物資供應制裁；這一來，公孫瓚更氣劉虞，更不肯聽命。缺物資，便向百姓搶掠，劉虞一再勸阻，公孫瓚硬是不理，劉虞只好將公孫瓚的罪行上報朝廷；公孫瓚不甘示弱，也向朝廷告狀劉虞不肯供糧；二人不斷互控，朝廷根本沒辦法，只有依違兩可。

公孫瓚和劉虞愈弄愈僵，劉虞好幾次找他見面會商，公孫瓚總推說有病不能到；劉虞忍無可忍，遂於公元一九四年（漢興平元年）起動十萬大軍，討伐公孫瓚。

## 行政一流、軍事不入流的劉虞

劉虞搞行政是一把好手，搞軍事卻根本不入流；兵眾雖多，卻是一群缺乏嚴格訓練的烏合之眾；加上他素來愛護百姓，還特別下了一道違背兵道的命令：

「不可傷害無辜，不准放火，不准破壞民舍，只殺公孫瓚一人而已！」

這一來，他的部隊更沒戰力了。

劉虞兵到時，公孫瓚措手不及，本想逃走；但看到劉虞無能的用兵方式後，反而定下心來。他挑選了幾百名精銳士卒，先利用風勢縱火，隨後率軍衝殺。劉軍哪曾見過這種陣仗，兵眾瞬即潰散；劉虞敗逃居庸，被公孫瓚追擊生擒，帶回幽州治所薊城。

這時，剛好朝廷派使者段訓到薊城，增加劉虞封邑、總管六州事；另拜公孫瓚為前將軍，封易侯。

事實上，朝廷這時候根本管不了地方，對一些跋扈的諸侯而言，中央不過是個正名的橡皮圖章而已。公孫瓚看到朝廷使者，便誣指劉虞曾和袁紹共謀稱帝【註二】，脅迫段訓以朝廷名義將劉虞及妻子處斬。

公孫瓚解決掉劉虞，因而據有幽州；但他並未因此一帆風順，因為他接下來就得面對另一個遠比劉虞難纏的對手袁紹，而他也因此兵敗身亡。

## 麴義大破公孫瓚

公孫瓚和袁紹結怨，起因於前面提過的堂弟公孫越之死。公孫越一死，公孫瓚立刻出兵冀州打袁紹；公孫瓚大軍一到冀州，很多城子紛紛反袁響應。袁紹看苗頭不對，把他的勃海大守職位讓給公孫瓚另一個堂弟公孫範；公孫範一到勃海，馬上帶領勃海兵幫公孫瓚打袁紹。

註二 公元一九一年（漢初平二年），以袁紹為首的關東諸將提議奉幽州牧劉虞為帝，劉虞堅決不受，並揚言將奔匈奴以自絕，加上曹操與袁術反對，此事遂不了了之。

公元一九二年（漢初平三年），袁紹求和不成，遂與公孫瓚展開決戰。公孫瓚部下有三萬人馬，氣勢甚銳，袁紹令大將麴義領兵八百打前鋒，並在左右兩側布置了一千張強弩。公孫瓚輕視麴義兵少，下令騎兵衝鋒；兵到麴義陣前十幾步時，忽然千弩齊發，袁軍接著大喊衝殺而來，公孫瓚大敗。

公孫瓚初戰慘敗，經過小休，又領兵來戰，卻再度被麴義擊潰；公孫瓚連連敗陣，只好撤退。

公元一九五年（漢興平二年）公孫瓚破殺劉虞後，袁紹又派麴義領軍十萬兵臨幽州。公孫瓚連戰皆敗，損失慘重，從此躲著不敢再出戰；並把部隊拉到易城，在外圍挖了十條護城深溝，在深溝中心堆築了許多五、六丈高的大土丘，在土丘上建起高樓，最中央的土山，高達十丈，自己住在其中的最高樓，大門由鐵鑄成，連侍衛都被隔在門外，甚至連七歲以上男童都不准進入，只有妻妾與他同住。所有文書、報告都用繩子垂吊。他又命婦女們練習嗓門，以便聲音能層層傳遞，藉這種方式下達命令。

## 公孫瓚堅壁自守

從此以後，公孫瓚與外界不再往來，賓客、部將逐漸疏散，也不再有親信，公孫瓚因此不再出戰。有人問他為什麼這麼做，公孫瓚回答道：

「我當年在塞外驅逐胡人，在孟津掃蕩黃巾，當時覺得，可憑一己之力安定天

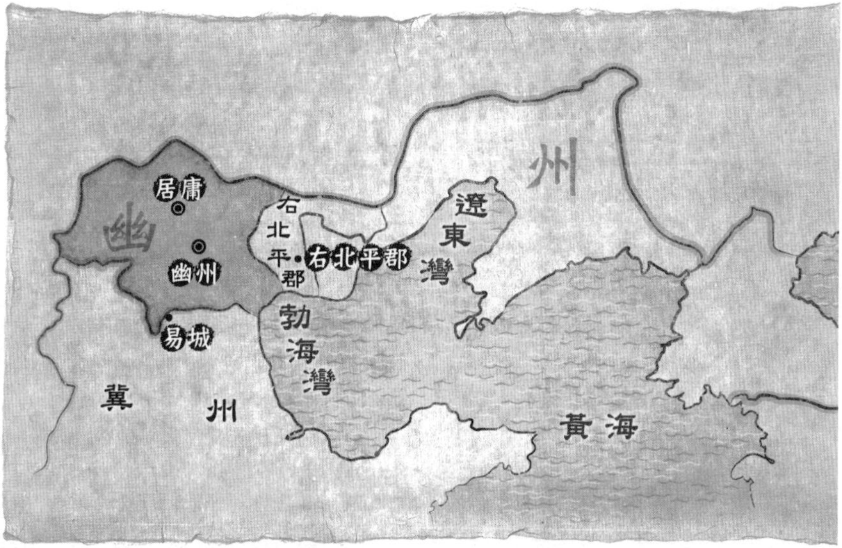


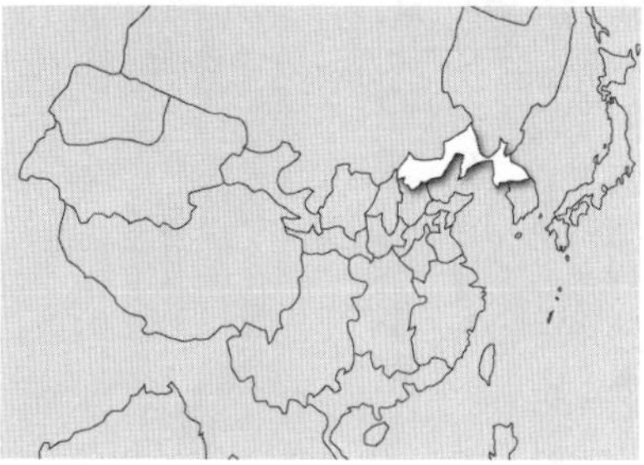

## 幽州爭奪戰

幽州刺史劉虞從州治薊城（即今北京）到右北平郡攻伐公孫瓚失敗，被公孫瓚追至居庸，劉虞被擒，後來在薊城被殺，公孫瓚遂據有幽州。

公孫瓚又與冀州主袁紹交惡，雙方爭戰數年，公孫瓚不敵，把軍隊拉到易城，築壁自守，袁紹加緊強攻，終於破殺公孫瓚，袁紹遂據有幽州、青州及并州，連同原有的冀州，一躍而爲當時的超強。

下。到今天，我才發現，戰亂才剛開始而已，大局恐怕不是我所能決定的；既如此，倒不如趁機休整，度過凶年。兵法上說，百樓不攻。如今，我有部隊分別駐守所有高樓，加上外圍深溝的防線，又累積了三百萬斛糧食，足以讓我看盡天下局勢的變化。」

就這樣，公孫瓚堅壁死守不出，袁紹則連連出擊不克，這種態勢持續到公元一九八年（漢建安三年），袁紹覺得再這樣耗下去不是辦法，便寫了封信給公孫瓚，希望能攜手言和；公孫瓚的反應是，加強守備，不予理會，並對他的部屬關靖說：「當今群雄爭霸，從沒有人能在我的城下和我相持經年，這是明擺著的事，袁紹又能拿我怎麼樣？」

## 眾叛親離，公孫瓚敗亡

公孫瓚這種毫不把袁紹當回事的態度，終於把袁紹惹火了，於是增加兵力，展開強攻。

公孫瓚自到易城築塢壁以自守之後，每當有部將遭受攻擊時，一概不出救。理由是，救一人，其他人會有樣學樣，認為反正有人來救，將不肯力戰。這一次，面對袁紹更猛烈的攻勢，諸將知道守不住，而且死守也不會有救兵，硬拚也不會贏，乾脆打混，被擊潰與投降的愈來愈多；袁軍愈逼愈近，公孫瓚見情況緊急，派兒子公孫續，向黑山元帥張燕求救。

就這樣死撐到第二年，公孫續終於帶來了張燕的十萬大軍。公孫瓚知道援軍已在路途中，祕密寫信給公孫續，約好兵將到時，以火為訊號，援軍攻外，公孫瓚由內而出，裡外夾攻。結果，送信使者被袁軍擒獲，袁紹將計就計，按照約定日期起火，公孫瓚以為是援軍打訊號，率軍出城呼應，結果中了埋伏，吃了大敗仗，只好又退回城中。

袁紹看到公孫瓚愈來愈人孤勢單，愈不敢出戰，便大挖地道，通到各個高樓，再從地道放火；高樓禁不住火勢，紛紛逐一傾塌，包圍圈縮小，袁軍逐漸逼臨公孫瓚樓下。

公孫瓚知道大勢已去，和袁紹的仇怨結得也深，根本不會有任何轉圜的餘地，於是把家人、妻子都殺了，然後放火自焚；還沒被燒死，袁軍已登樓，將他斬首，幽州【註三】遂落入袁紹之手。

註三 劉虞雖名為幽州刺史，但他實際上有效統治範圍，只有偏西的半個幽州，東邊的幽州，早被公孫度家族所盤據。所以，公孫瓚擊敗劉虞後，真正得到的，只有半個幽州，同樣地，袁紹打敗公孫瓚，也只得到左邊的半個幽州而已，東邊的公孫家族，一直到公元二三八年（魏景初二年），才被司馬懿討平。

# 五

# 呂布之死：

## 曹操 VS. 呂布

## 三國第一戰將的生命終結戰

# 戰役一覽表

一、發生年代：公元一九八年（漢建安三年）。

二、戰爭原因：曹操與呂布有侵奪兗州之仇，加上呂布一直活躍於徐州一帶，對曹操構成威脅，曹操遂決定消滅呂布，以絕後患。

三、天下形勢：曹操二征張繡。劉備兵敗於呂布，投奔曹操。周瑜、魯肅投歸孫策。袁術稱帝兩年。袁紹與公孫瓚互攻連年，公孫瓚情勢愈壞。

四、雙方主將：曹操 vs. 呂布。
曹操副將：荀攸、郭嘉。
呂布副將：陳宮、高順、張遼。

五、運用策略：曹操數敗呂布，呂布遂固守不敢出戰，被曹軍包圍。最後，曹操引水淹城，呂布窮途末路，遂降。

六、造成影響：呂布勇武善戰，又活躍於曹操大本營兗州的南方（徐州淮、泗一帶），日久將坐大難制，曹操將他擒殺，解除了背後的一大威脅。

呂布自公元一九五年（漢興平二年）被曹操趕出兗州之後，三年間，不斷與劉備、袁術糾纏不已，打打合合，合合打打，在兗州隔壁的徐州、豫州一帶爭戰不休。

曹操這方面則是坐定兗州，忙著打黃巾、迎天子至許昌，開始掌握挾天子以令諸侯的政治優勢；並藉此封袁紹為大將軍，兼領冀、幽、青、并四州，暫時把這個最大的強敵「定」在北方後；一面扶植劉備，一面東討袁術，一面南征張繡與劉表。

## 荀攸力挺曹操伐呂布

公元一九八年（漢建安三年），曹操二度征張繡，因為擔心袁紹趁機攻打許昌而緊急回師，發現袁紹並沒有真的採取行動後，決定把呂布這筆帳徹底做個結算。

諸將都反對這項行動，他們擔心張繡、劉表這邊還沒解決，這時候又貿然去打呂布，要是張、劉從背後偷襲，麻煩就大了。

只有荀攸力排眾議：

「劉表、張繡都不是有大志、大謀的人，能自保已是萬幸，絕不敢冒險玩命。呂布則不然，這小子素來驍勇善戰，這幾年又縱橫於徐州，日子一久，恐怕會有不少豪傑響應他，日後必坐大。若趁他現在反叛朝廷、勾結袁術，人心尚未歸附他時，出兵討伐，一定可以將之攻破才是。」

曹操採用了荀攸的意見，決定親征呂布。

## 陳宮獻內外夾攻之策

曹軍進入徐州，直取呂布所在的彭城。謀士陳宮建議呂布：「我方有以逸待勞的優勢，若能主動出擊，就可取勝。」

但呂布不接受，認為應持守勢，讓敵人陷於彭城附近的泗水之中，再伺機攻擊。

事後證明，呂布戰術錯誤，被曹軍殺得狼狽奔逃，彭城失守，呂布退守下邳。

呂布到下邳後，反而改變戰術，數度主動出擊，卻屢戰屢慘敗，嚇得躲在城裡，不敢再出戰。

呂布不敢出戰，曹操於是改變策略，寫信給呂布分析禍福利害。呂布心生恐懼，打算投降，但陳宮堅決反對。

陳宮當然要反對！

當初，就是他背叛曹操，主持發動倒曹，讓呂布奪取了兗州，因而和曹操結下了深仇大恨。要是呂布投降，他不但得丟命，還得丟臉，這是他萬萬不能接受的。

反對投降，當然得有可以不必降的辦法，於是陳宮又獻策：

「曹操遠道而來，糧秣補給不容易，根本打不了持久戰。將軍您可以率一支軍出屯於外，我則堅城閉守於內；若曹操擊外，我出城攻其背，若曹操攻城，則將軍救於外；過不了多久，曹軍就會缺糧，屆時再全力攻擊，可說是勝券在握。」

## 呂布妻反對陳宮之計

呂布覺得計策很好，打算讓陳宮和部將高順一起守城，自己出城去斷曹軍糧道。沒想到，妻子極力反對：

「陳宮和高順向來不和，您若出城，他們能同心協力守城嗎？萬一有什麼閃失，將軍您還有什麼立足餘地？況且，曹操對陳宮原本疼愛如懷中嬰兒，結果，他還不是背叛曹操來歸順我們。現在，您對陳宮的好遠不如曹操，卻還想把整座城和妻子委託於他，孤身外出，一旦計畫失敗，我還能是您的妻子嗎？」

呂布聽了，只好打消出城的念頭。

呂布不敢出戰，曹操圍城愈急；呂布無奈，只好厚著臉皮，派人向才剛翻臉的袁術求救，袁術很生氣地說：

「呂布爽約，不把女兒送過來和我兒子成親，本來就該死，為何還來求我？」【註一】

事實上，袁術也只是講氣話而已，他都自顧不暇了，就算想出手相救，也救不了。呂布看袁術援軍一直沒下落，以為袁術要他先送女兒，只好將女兒纏在馬上，趁黑夜出城，打算親自把女兒送過去，結果被曹軍一陣亂箭給趕了回來。

註一 袁術為了拉攏呂布，曾向呂布求女為媳，沛相陳珪心向曹操，擔心呂、袁合從坐大，力勸呂布不可，呂布也恨袁術當年不肯收留，便把送出去的女兒追回，並將袁術使者韓胤押送許昌梟首，雙方因而再度絕裂。

## 野戰不通，曹操改用水攻

雙方就這樣僵持著，時間久了，曹軍逐漸疲憊；最後，連曹操也受不了想退兵了。謀士荀攸、郭嘉力勸不可：

「呂布有勇無謀，現又坐困愁城，銳氣已完全喪失，三軍大眾一定以主帥的意志為依歸；主帥失志則士卒無鬥志，陳宮雖有智謀，但反應較慢；趁現在呂布氣勢尚未恢復，陳宮還沒想出辦法，我們大舉加強攻勢，一定可將呂布打敗。」

曹操採納，並引來沂、泗二水灌城。過了一個多月，水位絲毫不退，呂布愈加艱困窘迫，無奈地跑上城頭，對曹軍喊道：

「你們可以不必再圍攻了，我將向明公自首。」

陳宮一聽，立刻對呂布發出嚴重警告：

「曹操根本是逆賊，怎麼配稱明公；今天若投降，就好像以雞蛋砸石頭，還能保全嗎！」

聽陳宮這麼一說，呂布只好又暫時打消投降念頭。就在這個戰降未決之間，呂布陣營發生了一件事，使形勢產生關鍵性的變化。

## 呂布逼反侯成，情勢逆轉

呂布部將侯成，丟了一匹名馬，沒多久失而復得，眾將合送了一分禮給侯成表示慶賀。侯成欣喜之餘，興沖沖地送上酒肉給呂布；沒想到，呂布不但不領情，反

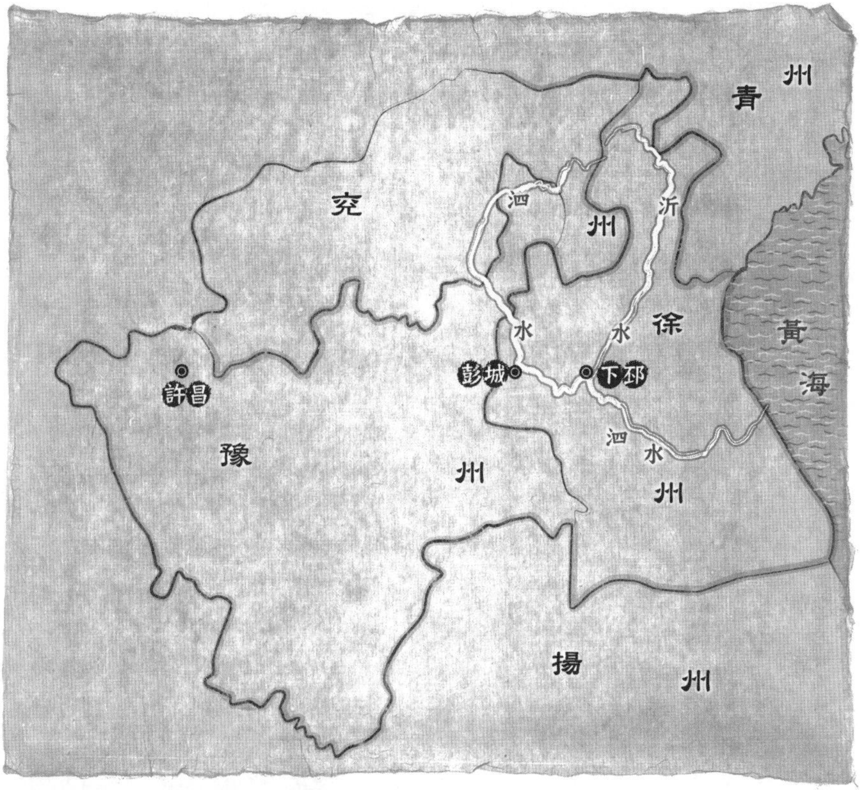


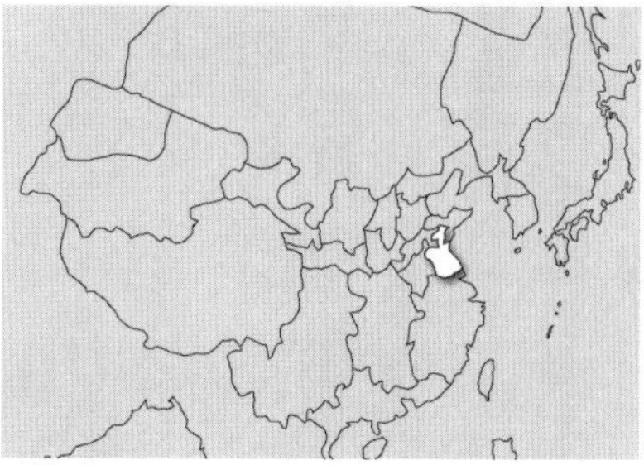

## 呂布之死

呂布被曹操趕出兗州後，到徐州投奔劉備，卻又恩將仇報，侵奪了徐州，三年間與劉備、袁術合合打打，縱橫於淮（水）、泗（水）之間。

曹操二征張繡失敗後，在荀攸建議下，決定先清除呂布，遂親自率軍直攻呂布所在的彭城，呂布不敵，奔逃至下邳，不敢再出戰，曹操遂引泗水與沂水灌城，呂布窮途末路，投降後被殺。

而大罵：

「我下令禁酒，你們卻偷偷釀酒，是否想用酒來圖謀我？」

侯成馬屁拍到馬腿上，又氣又怕，心想反正再耗下去也會跟著倒楣，於是與諸將聯合，把陳宮和高順抓起來，率領屬下出城向曹操投降。

部下降的降、走的走，呂布愈發勢孤力單，加上水位也愈來愈高；無奈之餘，只好帶著幾名死忠追隨者爬上城中最高的白門樓防守。眼看著城外曹軍愈來愈多，呂布知道大勢已去，要左右部屬把他的頭砍下來，向曹操請功，但部屬們磨蹭了半天，就是下不了手；呂布實在沒辦法了，只好自己下樓投降。

註二 陶謙死時，把徐州託給了劉備，這是劉備生平第一次在「形式」上有自己的地盤。呂布在兗州被曹操打敗，跑到徐州投奔劉備，劉備好心接納，不料，呂布卻利用劉備去打袁術時，襲取了徐州，劉備回來，發現地盤被呂布恩將仇報的奪走，也只有無奈的接受呂布安排，駐屯於小沛。

## 呂布投降殞命

呂布一看到曹操，便自以為是的說：

「從今天開始，天下就底定了。」

「怎麼說？」

「明公最大的顧慮，就是呂布，現在我已服了；以後，我來負責領騎兵，明公掌步兵，奪取天下，易如反掌。」

看到曹操沒反應，呂布轉頭對一旁的劉備求情：

「玄德，你是坐中客，我是階下囚，繩子綑得我很緊，你就不能幫忙說句好話嗎？」

曹操笑著說：

「綑老虎不得不綑緊一點！」

說完，吩咐鬆綁，劉備已往吃過太多呂布的虧【註二】，心中恨死了呂布，立刻出聲阻止：

「千萬不可！明公沒看到他是怎麼對待丁原和董卓的嗎？」

丁原早先是呂布的上司，對呂布極為信重，但呂布被董卓收買，殺了丁原。同樣的，董卓和呂布情同父子，但呂布卻又在王允誘使下，殺了董卓。劉備特別舉丁、董兩人的前車之鑑提醒曹操，曹操很聰明，一下子就反應過來，馬上下令將呂布帶走。

呂布臨走前，居然還很不害臊地罵劉備：

「你這大耳朵的傢伙，最沒義氣了！」【註三】

## 陳宮硬頸從容就死

曹操處理過呂布後，轉頭問一旁的陳宮：

「公臺（陳宮，字公臺）生平自詡智計過人，現在有何話說？」

曹操這話，雖有責備，但也為陳宮布了個下台階。曹操素來愛

註三 劉備的外貌，有三大特徵，臉白、鬍子少、耳垂特長，所以，呂布叫他「大耳兒」，意思是大耳朵的傢伙。

才，陳宮和他又是舊交，所以，話語中頗有打算放他一條生路之意。哪知陳宮並不領情：

「是呂布這小子不肯聽我的話，才會落到這步田地，他要是早聽我的，我也未必會輸！」

曹操看陳宮不吃這套，轉而動之以老母性命：

「你的老母親怎麼辦？」

「我聽說以孝治理天下的人，不傷害人的尊親，老母能否存活，在明公，不在陳宮。」

「妻子呢？」

「我聽說施行仁政於天下的人，不會斷絕人的祭祀，妻子能否存活，在明公，不在陳宮。」

一個軟問，一個硬答，曹操再也無話可說了。

## 真情人曹孟德

曹操想勸卻無言可對，陳宮則根本不願多言，頭也不回地自行步向刑場。曹操目送著陳宮的身影，回想兩人的舊交餘情，不覺潸然淚下！終究還是將陳宮連同呂布、高順【註四】一起處決了！

三國史上個人武藝最高，號稱「人中呂布，馬中赤菟」的一代勇將，就這樣地

註四 高順是三國前期一流的好將領，為人清白有威嚴，勇略兼備，能帶兵也能打仗，但呂布不怎麼重視他，對他招之則來，揮之則去，但高順從無怨言，對呂布一直忠心耿耿。呂布為人輕率，做事不依常度，高順常規勸他，呂布雖知高順忠而賢，卻不能聽、不能用，高順倒楣跟了壞主子，又因一片愚忠，而冤枉陪死。

走進了歷史。

事後，曹操把陳母找來，奉養至死；為陳宮女兒物色對象嫁了；並撫慰、厚待了陳宮家人，充分表露了他惜才、念舊、不計仇怨的大政治家的大格局。

曹操消滅呂布，不僅除掉了一個心腹大患，也為將來在官渡與袁紹的決戰中，解除了後顧之憂，奠定了日後得勝的基礎；但更重要的是，還得到了好幾個人才，尤其是張遼、陳群與臧霸。臧霸後來立功無數，陳群則成為魏朝名臣，最難得的是張遼，勇略兼備，後來在合肥保衛戰中，以僅僅八百之兵，大破孫權的十萬之眾，成為曹魏五良將之首。

收拾了呂布後，曹操終於可以騰出手來，專心全力對付當時的超強袁紹。兩年後，曹操在官渡大勝，一躍而居神州首強，開始了他的主導群雄浮沉之旅。

六

# 曹操收降張繡：

## 曹操VS.張繡

曹操布置官渡之役的前哨戰

# 戰役一覽表

一、發生年代：公元一九七至一九九年（漢建安二年至四年）。

二、戰爭原因：張繡駐屯於南陽郡，不但威脅到許昌，也成了曹操攻取荊州的絆腳石，曹操遂出兵，企圖把這塊石頭移走。

三、天下形勢：曹操迎獻帝至許昌，掌握中央權柄，號令天下。朝廷以袁紹爲大將軍兼督冀、青、幽、幷四州。

四、雙方主將：曹操 vs. 張繡。
曹操副將：曹昂、典韋。
張繡副將：賈詡。

五、運用策略：賈詡審時度勢，認定曹操才是安定天下的明主，力勸張繡捨棄來招的袁紹，投降曹操，雙方和好，張繡不但從此轉危爲安並深獲曹操信重。

六、造成影響：曹操通往荊州之路變爲通暢，並化解了袁紹聯合張繡，南北夾擊的危機。

公元一九七年（漢建安二年），曹操親率大軍攻打駐守於宛城的張繡。

張繡是西北軍將領張濟的族子，張濟從關中進攻荊州南陽郡的穰城，身中流矢而死。張繡長期追隨張濟，順理成章地接掌兵權，並投歸荊州牧劉表。

西北軍素來強悍善戰，劉表讓張繡屯兵南陽郡的宛城。

## 夾心餅乾——張繡

南陽距豫州的許昌很近，也是荊州到豫州、兗州的門戶；許昌是曹操的大本營，這下子，張繡成了夾心餅乾。

對劉表而言，張繡是顆進可攻、退可守的好棋子。

對曹操而言，張繡不但威脅到許昌，還是他進入荊州的絆腳石，非得把他搬開不可。

曹操大軍來到淯水，逐漸迫近宛城，張繡懾於曹操的實力，不敢硬碰而舉軍投降。

曹操沒想到勝利來得這麼快，這麼容易，便有點志驕氣盛；一時昏了頭，犯下了兩個嚴重的錯誤，不但逼反了剛投降的張繡，還差一點把命送掉。

曹操一進入宛城，看到張濟妻子，驚為天人，便公然收做小老婆。張濟是張繡的叔叔，張濟妻子就是張繡嬸母，曹操這種「淫人妻」的行徑，讓張繡深感受辱。

張繡的不滿，曹操略有耳聞，便祕密籌畫將張繡除掉。

張繡有個叫胡車兒的親信，強壯勇悍；曹操素來喜愛勇士，對胡車兒特別賞賜。張繡認定曹操收買胡車兒殺他，更決意造反。

## 張繡降而復反

在謀士賈詡的設計下，張繡向曹操請求將軍隊遷出城外。同時，因為車少物資多，還請求准許讓軍士穿戴盔甲，以減輕運輸壓力。曹操一時還陶醉於勝利的喜悅之中，不疑有他，就批准了。

張繡軍出城，一定得經過曹營，全副武裝又有備而來的張軍，一進入漫不經心、毫無防備的曹營，立即揮刀砍殺。由於事起倉促，曹軍頓時大亂潰散，曹操自己也在慌亂中，由親信侍衛典韋護持逃脫；最後的結果是，曹操右臂中箭，典韋戰死，長子曹昂被殺，曹軍大敗，曹操落荒而逃。

張繡屯兵南陽，始終是曹操的一個心腹之患，心患不除，臥不安枕。於是，同年十一月，曹操又領兵來戰張繡；兵到淯水時，曹操表現了真情念舊的一面，他在淯水邊舉行了祭奠典韋與陣亡將士的儀式。在攻下舞陰城，斬殺了守將鄧濟後，隨即退兵。

## 不聽荀攸獻計曹操致敗

公元一九八年（漢建安三年），曹操三度出兵攻張繡，軍師荀攸鑑於前兩次無功而返的經驗，建議曹操：

「張繡與劉表因為互相倚恃而強大，但張繡的軍需物資全仰賴劉表供應，時間久了，兩人必因此而鬧翻；不如靜待其變，以計策分化他們；如果逼得太緊，他們就會為了自保而互相救應，我們將難以奏功。」

然而，曹操不甘心前兩次無功，急著拿下張繡，遂不聽荀攸的建議，進兵把穰城包圍起來。張繡被圍，劉表果然來救，張、劉內外夾攻，曹軍又一次攻勢失利；正當曹操感到騎虎難下時，忽然從許昌傳來一個讓他震驚的消息。

原來，曹操的強敵袁紹，手下有個叫田豐的謀士，建議袁紹趁機攻打許昌。許昌是曹操的大本營，萬一老巢被端了，曹操將會陷入進退兩難的困境；發現事態嚴重，曹操也顧不了張繡，立刻下令班師。

## 賈詡獻策，張繡勝曹操

曹操忽然撤兵，張繡見獵心喜，打算趁勢追擊，軍師賈詡力勸不可，張繡不聽，果然吃了敗仗。沒想到，才一回軍，賈詡反而叫他再回頭追打，張繡素來佩服賈詡，遂立刻又上馬，果然獲勝而回。張繡被搞胡塗了，問這是怎麼一回事？賈詡為他分析道：

「將軍雖然善於用兵，但非曹公敵手。曹軍忽然撤退，必事出有因，所以，曹公親自斷後，因此，推知會敗。曹公把您打退後，急於回師，必會讓其他將領斷後；

這些將領用兵不如將軍，所以，知道第二次追擊會勝。」

張繡聽了，歎服不已。

曹操三打張繡，都無功而返；然而，不等他四度出兵，他與袁紹之間的矛盾卻逐漸深化，進而慢慢浮上檯面。特別的是，與袁紹之間的衝突，反而讓曹操兵不血刃地收降了張繡。

袁紹自公元一九九年（漢建安四年）掃滅公孫瓚之後，即據有冀、幽、青、并四州，一躍而居神州首強。但這幾年來，他眼看曹操赤手空拳打出一片天，破黃巾、征陶謙、敗袁術、迎天子、令諸侯、擒呂布、戰張繡，聲勢愈來愈大，頗讓他覺得芒刺在背。所謂一山不容二虎，與曹操大戰一場以定勝負，已勢所難免。為了牽制曹操，壯大自己的實力，他決定拉攏張繡。

袁紹拉張繡，事先就詳細撥算過，張、曹戰過三次，雙方早結下樑子；尤其張繡又害死了曹操的長子曹昂，殺掉了曹操的愛將典韋，彼此積怨已深，形勢上張繡為抗曹而投袁已屬必然。

張繡駐屯於荊州南陽郡，位於曹操大本營兗州的左下方，而袁紹的勢力正好在兗州上方，若能把張繡拉過來，將可對曹操形成南北夾擊之勢，使其腹背受敵，而這正是袁紹籠絡張繡最主要的目的。

## 歸謝袁本初

袁紹一面派人招好張繡，一面寫信給賈詡交好；沒想到，賈詡不僅看不上袁紹，還利用這個時機，幫張繡打出了一副最有利的好牌。

袁紹使者來見張繡，正當張繡準備答應聯手時，一旁的賈詡卻冷冷地對使者說：

「回去謝謝袁本初（袁紹，字本初），連兄弟都不能相容了，還能容得下國士嗎？」

所謂兄弟不能相容，指的是袁紹和弟弟袁術的關係；這兩個親兄弟，為了爭權奪利，鬧得不可開交，天下人皆知。賈詡哪壺不熱提哪壺，就是為了把袁紹的口堵住，將張繡的投袁之路封死。賈詡聰明絕頂，老謀深算，他早看準了袁紹不會有大出息，雖強必敗。張繡若投袁，只是晚一點「出局」而已，遲早都得是輸家。曹操則不然，雄才大略，有王霸之器，現在雖比袁紹弱，但一定能夠打敗袁紹，成就大業。所以，他早想以袁紹做籌碼，幫張繡打一手好牌。

賈詡的如意算盤，張繡自然看不懂。眼前的形勢，明明袁強曹弱，而且他又與曹操有血海深仇；所以，投靠袁紹是順理成章的事，沒想到賈詡居然一口回絕。張繡當場大驚失色：

「為何這麼做？」

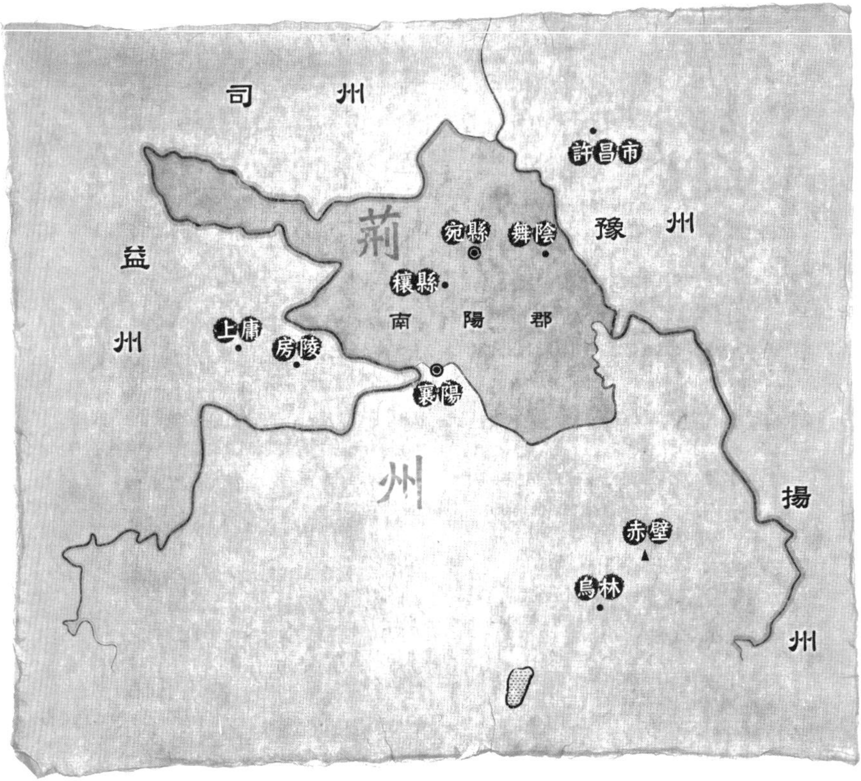


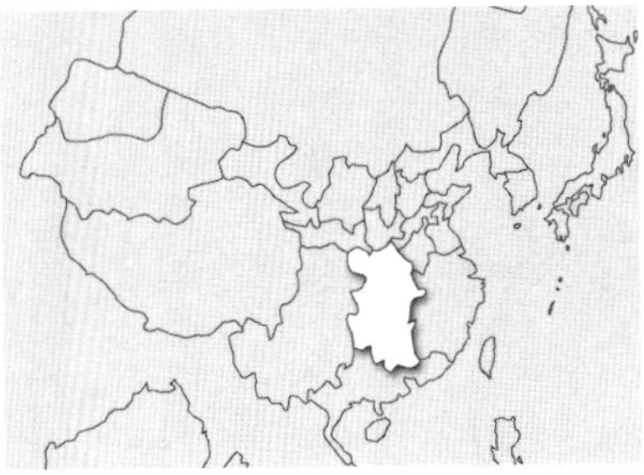

## 曹操收降張繡

曹操打過張繡三次，三次皆無功而返。
第一次在宛城，張繡降而復叛，曹操大敗，長子曹昂被殺，勇將典韋戰死。
第二次則是攻舞陰，在城破殺了守將鄧濟後，便退兵了。
第三次直趨穰城，並將之包圍，不久傳來袁紹趁機攻許昌，只有無奈撤退。
官渡大戰前夕，袁紹派人來拉攏張繡，在軍師賈詡獻策下，張繡投降了曹操。

## 歸服曹孟德

賈詡卻閉口不語，張繡只好把他拉到一旁，私下問道，得罪了袁紹，投袁不成，自絕生路，下一步又該怎麼走？賈詡只是輕描淡寫回道：

「不如投曹公。」

張繡一聽，一臉茫然：

「袁紹強，曹操弱，之前與曹操為敵，又害死了他的愛子、愛將，這還投得了嗎？」

「就因為這樣，才要投曹陣營啊！第一、曹公奉天子以令天下，名正而言順；第二、袁紹強盛，我們衰弱，投效他未必會受到重視。曹公則不然，他對袁紹是相對弱勢，我們若投入曹陣營，可加強他的實力，他一定很高興；第三、有王霸志向的人，都能不計較私人仇怨以彰顯明德於天下，希望將軍就別再猶豫了。」

賈詡的算計，完全正確。看到張繡來歸，曹操興高采烈地拉著他的手，大擺筵席慶賀；非但如此，還和張繡結成兒女親家，並拜為揚武將軍。

曹操這種不記仇、能容人的大政治家風度，深深感動了張繡，讓他在後來的官渡之戰與討袁譚之役中，奮戰立功而獲升遷、增邑；終曹操之世，張繡始終受到寵信而不衰。

七

# 官渡之戰：

## 曹操 VS. 袁紹

神州雙強的雌雄決定戰

# 戰役一覽表

一、發生年代：公元二〇〇年（漢建安五年）。

二、戰爭原因：一山不容二虎。袁、曹爲爭奪神州首強地位而展開生死決戰。

三、天下形勢：劉備爲曹操所敗，投奔袁紹。孫策在江東遭刺，孫權繼位。諸葛亮高臥隆中。

四、雙方主將：袁紹 vs. 曹操。

袁紹副將：田豐、沮授、顏良、文醜、郭圖、淳于瓊、許攸、高覽、張郃、袁譚。

曹操副將：荀彧、荀攸、許攸、曹洪、關羽、張遼。

五、運用策略：曹操採許攸之策，攻袁紹所必救，結果袁紹不但不救，反而攻其所不能攻，結果被曹操殺得大敗。

六、造成影響：曹操一躍成爲神州超強，不多久統一了北方，威震天下。

三國前期，群雄並起，但最強的兩雄，莫過於袁紹和曹操。所謂一山不容二虎，雙雄勢必一決雌雄，結果袁敗曹勝，曹操也因為這一仗，躍居神州首強，奠定了他日後統一北方的基礎。

曹操與袁紹，原本從青年時代就是好朋友。公元一九〇年（漢初平元年），兩人還是討伐董卓的同盟軍；但也是從這時候開始，雙方便開始有些意見不合了。

## 袁、曹開始失和

討董時期，兩人共同的好朋友張邈，曾為了袁紹身為盟主，卻態度傲慢，指責了他一番；袁紹一怒，要曹操殺掉張邈，曹操不但拒絕，還把袁紹說了一頓。

討董失敗後，袁紹和冀州刺史韓馥聯手，打算擁立幽州刺史劉虞當皇帝，因為曹操不願加入，劉虞更是嚴詞拒絕，事情遂不了了之。

袁、曹交惡的深化，是在公元一九六年（漢建安元年）。這一年，曹操搶得先機，把漢獻帝迎到許昌，取得了挾天子以令諸侯的政治優勢後，不但把自己升了官，還「下詔」把袁紹譴責了一番。這一次，激怒了袁紹；曹操知道，一時還惹不起袁紹，便把大將軍的高位讓給他，才暫時把袁紹穩住，但兩人也從此明爭暗鬥起來。

公元一九八年（漢建安三年），袁紹苦於曹操有事沒事下個詔書，聽不是，不聽也不是，便趁曹操與呂布苦戰時，派人勸曹操把家移到鄴城。鄴城位於冀州，而冀州又是袁紹的勢力範圍，很容易被動手腳，曹操當然不肯。袁紹手下謀士田豐勸袁紹：

「既然不能讓皇帝北遷，就應早點圖謀許昌，用皇帝的名義號令諸侯，否則終會吃大虧。」

袁紹雖沒有立刻採行，但也從此下決心，一定要把獻帝搶到手。

## 做不成皇帝就搶皇帝

公元一九九年（漢建安四年），袁紹經過七年苦戰，終於擊滅了公孫瓚，奪取了幽州，併有青州、并州，加上他原有的冀州，實力達到了空前高峰。志得意滿之餘，正好老弟袁術皇帝當不下去了，打算把帝號讓給他；袁紹手下主簿耿包，看出了袁紹心事，偷偷勸袁紹把帝號接過來，自己登基。袁紹把耿包的意思告訴僚屬，結果部屬們反應強烈，都說耿包妖妄，非殺不可；袁紹不得已，把耿包砍了頭，讓自己下台。

皇帝當不成，只好想辦法把現成皇帝搶到手；於是調度了十萬兵，準備攻許昌。

為了孤立曹操，進而形成南北夾擊之勢，袁紹特別派人向駐屯於荊州南陽郡的張繡招好。滿以為張繡曾殺了曹操兒子、愛將，勢必不兩立，將可招之即來；沒想到張繡不但一口拒絕，還立刻轉向，投降了曹操。

## 袁紹拉張繡不成，拉劉表不應

張繡拉不成，袁紹又把目標指向劉表。

劉表是荊州之主。荊州不但物阜民豐，兵強馬壯，而且戰略位置重要；因為荊州位於曹操的大本營兗州的南方，而冀州、青州又位於兗州之北。如果劉表願意合作，曹操將腹背受敵，這是袁紹極力想拉攏張繡和劉表的主要原因。

但袁紹高估了劉表。劉表雖然把荊州治理得還不錯，但他素無遠志，只想保住荊州，便採取了中立態度，不幫袁也不幫曹。

許昌的曹軍陣營，聽到袁紹將來攻，大都驚慌失措，孔融就是其中代表。他私下對荀彧說：

「袁紹兵強地廣，又有田豐、許攸這樣的謀士幫他出主意，審配、逢紀這樣的忠臣幫他辦事，加上顏良、文醜這樣的勇將為他廝殺，恐怕很難打得過啊！」

## 荀彧、曹操都看透袁紹

但荀彧並不同意，反駁道：

「袁紹兵雖多，但部伍不整；田豐性剛好犯上，許攸貪心不守法，審配好攬權而無謀略，逢紀雖果決但剛愎自用；這幾個人彼此不容，很容易起內鬨；顏良、文醜則不過匹夫之勇，很容易擒殺。」

曹操自己，更是胸有竹成：

「袁紹的為人，志向大而智謀小，表面強悍但實質怯懦，猜忌刻薄而沒有威信，兵眾雖多，但調度無方，將領驕橫而政令不一，土地雖廣大，糧食雖豐足，正好拿來給我們當補給品。」

曹操的自信，不是沒道理的；事實上，他早知道袁、曹勢必一戰，因此他事先把呂布、袁術這兩個對他有威脅，並可能與袁紹聯手的勢力清除掉。更重要的一點是，呂布與袁術一直縱橫於徐州，而徐州又正好位於兗州右邊，萬一袁紹、劉表、呂布與袁術有機會四方聯手，則夾在正中央的曹操就不只腹背受敵，而是四面楚歌了；好在他處置得宜，終於能在無後顧之憂的情勢下，專心對付袁紹。

公元一九九年（漢建安四年），袁紹出動大軍，擺出將攻許昌的架式，但卻又不採取任何軍事行動，達半年之久。

知道袁紹有所圖謀，曹操也即刻反應，除了派兵至黎陽外，也分兵駐守官渡。

## 劉備加入反曹陣營

這期間，正好發生了劉備叛逃之事，曹操只能暫時把袁紹放一邊，帶兵去收拾劉備。

這時候的劉備，因為被呂布趕出了徐州，被迫投奔曹操；但身在曹營的劉備，豈是久居人下者，私底下還和車騎將軍董承密謀要除掉曹操。有一次，曹、劉兩人正在煮酒論英雄，劉備認為，袁紹算是個英雄，曹操不以為然，說出了「天下英雄，惟使君與操耳」這句千古名言；劉備一聽，以為密謀事洩，曹操正藉機探他的底，嚇得連手中的筷子都掉在地上，正好天空忽然響了一聲巨雷，劉備雖趁機遮瞞了過去，但也知道曹營非久留之地，便藉著曹操讓他去徐州打袁術的機會出走；一到徐州，劉備不但不追打袁術，反而殺了曹操任命的徐州刺史車冑，奪取了徐州；隨後又派人向袁紹通好，準備聯手夾擊曹操。

曹操好不容易把徐州的袁術和呂布打垮，現在又來了個劉備，當然不能容忍；馬上派了劉岱與王忠去打劉備，卻又吃了敗仗，曹操遂決定自己出馬。

諸將對曹操的決定，都很不以為然：

「與明公爭奪天下的是袁紹，現在放著眼前的袁紹不管，反而東向徐州去打劉備；萬一袁紹趁機偷襲，恐怕後果嚴重啊！」

然而，曹操有他的戰略考慮，他知道劉備的志氣和謀略遠在袁紹和呂布之上，不先收拾掉，一定構成心腹大患。謀士郭嘉也同意曹操的觀點，不僅如此，他還看透了袁紹，根本來不及反應，極力贊成曹操的行動：

「袁紹性格遲緩又多疑慮，就算會來也不會太快。劉備剛拿到徐州，人心還未歸附，趁這個時機去打他，一定可以獲勝。」

## 不聽田豐言，袁紹錯失良機

田豐聽到曹操去打劉備，立刻勸袁紹掌握這個好機會：

「曹操與劉備交手，不會一下子就結束，我們可趁機偷襲許昌，將可一戰而定。」

曹操和郭嘉真的把袁紹看穿了、看扁了。因為袁紹居然以小兒子生病，沒心思出戰為由拒絕了。袁紹這種小格局、不識大體的做法，讓田豐氣得把拐杖猛敲地：「真氣人哪！難得這種好時機，居然因為一個嬰兒生病，而白白錯失，可歎啊！大勢已去了！」

曹操對劉備用兵，就好像秋風掃落葉，雙方一碰頭，劉備頃刻慘敗；不但老婆兒子被逮，猛將關羽被擒，連好不容易才招來的幾萬兵馬也隨之潰散。劉備只好帶著僅剩的一點殘兵，投奔袁紹。

曹操收拾了劉備之後，直接把大軍拉到官渡，開始準備全力迎戰袁紹。

## 袁紹再拒田豐之計

袁紹的反應，還真的慢三拍，曹操東向徐州打劉備時他不趁機行動，等到劉備被趕出徐州，曹操回來陳兵官渡，擺好了架式時，他卻打算攻許昌了。但這時，田豐卻又以為曹操既已完成東征，許昌並非空虛，不宜再攻，只能憑基本條件的優勢，和敵人打持久戰，再施以擾敵戰術，救右則打左，救左則打右，讓敵人疲於奔命，藉此拖垮曹操。

然而，田豐的建議，袁紹根本聽不進去。田豐的性格，就好像荀彧所說的「剛而犯上」，老闆不聽，他偏要講，袁紹火了，下令把田豐押起來，隨後即把大軍拉到黎陽。

## 沮授的哀歎

袁紹手下另一個謀士沮授，看到袁紹經常昧於時機，又老不聽勸，對此行非常悲觀。臨出兵前，把所有家產都分送給族人。他心裡清楚，這是決定袁紹命運的關鍵戰，打贏了，自有功名富貴，打輸了，恐怕連命都不保，現在的財富又有何意義呢？

田豐和沮授是袁紹手下最有智謀的幹才，但袁紹卻不能、不肯重用，因而屢次自肇禍基而不自知；面對足智多謀又善於用人、用兵的曹操，袁紹兵眾的優勢已經被他的剛愎自用抵消掉了。更麻煩的是，袁紹對此，竟毫無自覺。

## 白馬之戰關羽斬顏良

袁紹一到黎陽，就展開了攻勢，派大將顏良渡河進攻東郡太守劉延所在的白馬。沮授認為顏良雖驍勇，但性格偏狹，難以獨當大任，勸袁紹不要單獨派顏良打第一仗，袁紹根本充耳不聞。

曹操聽到顏良攻白馬，立刻從官渡北上來救，他知道自己兵力少，為了把顏良孤立起來，便作勢將部隊開到延津，假裝要過河打袁紹。袁紹果然上當，出動大軍迎戰曹操，曹操卻趁機帶著騎兵直奔白馬，顏良沒想到曹軍來得這麼快，急忙領兵應戰，結果被關羽長驅直入，在萬兵之中遭斬殺；顏良一死，餘眾潰散，白馬危機立刻解除。

袁紹軍被曹操騙到延津，又中了曹操的餌兵之計，猛將文醜陣亡，一下子，袁紹不但連兩敗，還折損了手下兩員勇將，袁軍變得氣奪膽虛。

曹操連兩勝後，回師官渡，袁紹也隨之來到官渡北方的陽武。沮授知道袁軍雖兵眾糧多，但士卒不如曹軍悍勇；相對的，曹軍兵少又缺糧，利於急戰，力勸袁紹憑藉基本優勢打持久消耗戰，用時間拖垮敵人，袁紹依舊置若罔聞。

## 曹操陷入困境，荀彧建議用奇

曹操果如沮授判斷，急於速戰速決；但連著幾次主動出擊，都不能取勝；時間久了，只好堅壁採取守勢。雙方就這麼僵持不下，但曹操一直苦於物資匱乏，時間久了，更捉襟見肘，士卒百姓叛歸袁紹的愈來愈多。最後，連曹操自己都承受不住壓力，打算撤兵時，荀彧卻認為打仗打的是氣勢，氣勢先耗弱者必敗無疑。他舉楚漢爭霸時，雙方都不肯先退為例，說明先退者勢屈的道理，特別提醒曹操，在這種關鍵時刻，戰勢隨時會出現關鍵性的變化；所以，不但不能退，反而要好好利用這個適合用奇計的時機。曹操聽從荀彧分析，打消了退兵的念頭。

曹操這邊苦於缺糧，袁紹那邊卻是物資源源不絕地運來。曹操雖然派人狙擊袁軍糧道，破壞輜重，但始終無法對袁紹構成嚴重威脅；自己的糧食問題也依然改善不了，雙方仍呈僵持之勢。

袁軍物資愈積愈多，沮授勸袁紹加強防守，以防曹軍偷襲，袁紹不聽，依然我行我素。

## 袁紹氣走許攸

這時，許攸眼看曹操主力被牽制在官渡，許昌守備必然空虛，力勸袁紹分兵急取許昌；只要能攻得許昌，劫得天子，就可以號令天下共討曹操；讓曹操一人與天下為敵，必可不費吹灰之力地將他擊敗。

然而，這時候的袁紹，已不用理性，而是以情緒在打仗了。多年來，他一直覺得曹操對不起他，對於兩軍陷入長時間的僵局更是不耐煩；所以，他一心一意想盡快逮住曹操，以洩心頭之恨。對於耗時費力的迂迴式打法，根本聽不進去，一口拒絕了許攸。

許攸的性子可不像沮授，逆來可以順受，明明是個可以勝敵的好主意，為什麼不聽？心裡首先就不痛快起來；恰好這時，許攸家人犯法，死對頭審配趁機修理許攸，很快地把許攸家人押了起來。許攸嚥不下這口氣，一怒之下，投降了曹操。

## 許攸獻策攻烏巢

聽到許攸來降，曹操樂不可支，連鞋子都來不及穿，光著腳急忙跑出來。一看到許攸，便拍手大笑道：

「子遠（許攸，字子遠）老遠跑來，我的大事可以成功了！」

雙方坐定後，許攸毫不客套，單刀直入問道：

「袁紹軍勢強盛，您要怎麼應付？現在還有多少存糧呢？」

「還可以撐一年。」

「沒這麼多，再說說看。」

「可撐半年。」

許攸見曹操說話不實在，有點不高興：

「老兄不想打敗袁紹嗎？為何老不說實話？」

但曹操還是不肯完全亮底牌：

「我是開玩笑的！事實上，只剩一個月的糧了，你看怎麼是好？」

許攸這才正色說道：

「您孤軍奮戰，外面無救援而內部糧食已盡了，這是個大危機啊！袁紹的物資輜重在烏巢，防備很鬆散，不妨快速派人偷襲，放把火燒光；不出三天，袁軍就不戰自敗。」

曹操大喜，留下曹洪、荀攸守營，親自率領五千騎兵，人銜枚，馬縛口，每人攜帶薪柴，打著袁軍旗幟，趁夜抄小路出發。路上碰到有人問，都回說擔心曹操偷襲，因此加強守備。問的人覺得有理，也不阻攔，曹軍一路通暢，迅速來到烏巢後，立刻展開包圍縱火，袁軍頓時陷入混亂；天亮後，袁軍守將淳于瓊，發現曹操的兵少，遂與曹操展開激戰。

## 袁紹不救烏巢，反而攻曹營

袁紹聽到曹操突襲淳于瓊，對兒子袁譚說：

「就算曹操打敗了淳于瓊，我只要能抄了他的大本營，曹操就沒有退路了。」

於是派大將高覽、張郃直取曹營。不過張郃對袁紹這種調度方式頗不以為然：

「曹公一定會擊潰淳于瓊；淳于瓊守的是我軍命脈，淳于瓊若敗，我軍大勢去矣！請准許先救烏巢。」

郭圖反對張郃說法，堅決建議袁紹趕快攻取曹營。張郃反駁道：

「曹公的營壘很堅固，很難攻破；一旦淳于瓊潰敗，我們恐怕都會成俘虜啊！」

袁紹不理會張郃的意見，還是只以輕兵救淳于瓊，重兵攻曹營。

事情的發展果然如張郃的預料；重兵攻曹營不下，烏巢方面則是徹底崩潰。淳于瓊被殺，糧秣輜重全部遭焚，曹操將一千多袁軍俘虜的鼻子割下，牛馬則斷其脣、舌，送回袁營；袁軍看了，膽顫心驚，士氣頓時崩盤。

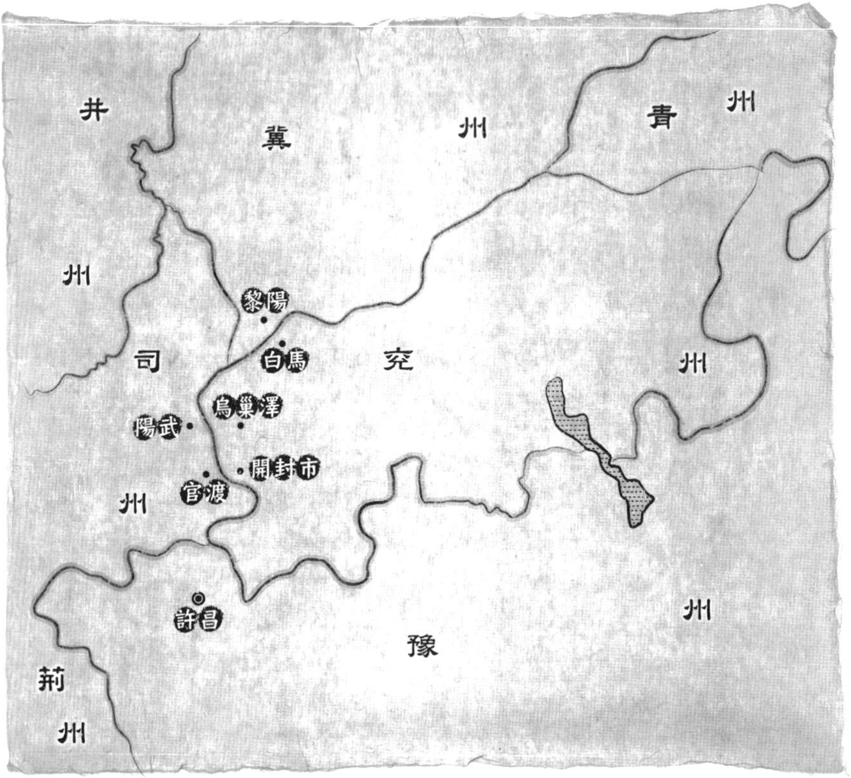


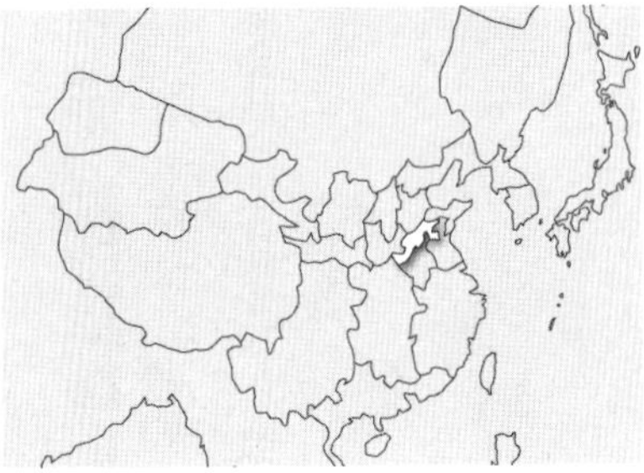

## 官渡之戰

戰爭初期，袁紹屯兵於黎陽，曹操駐軍於官渡。不久，袁軍攻白馬，曹操領兵來救，大將關羽於萬軍中，單槍匹馬斬殺悍將顏良，白馬之危遂解。

之後，袁軍移師陽武，曹軍回師官渡，雙方僵持不下。曹軍因缺糧且士卒疲憊，本想撤退，但被荀彧勸住，這時，袁軍謀士許攸來降，建議曹操全力攻袁軍大糧倉烏巢；袁紹對形勢判斷錯誤，竟不以重兵救烏巢，反而大舉攻曹軍大本營，結果二路皆大失利，袁軍頓時崩潰，袁紹大敗，只帶了八百殘兵逃歸，從此一蹶不振，曹操遂躍居首強。

## 郭圖逼反張郃

郭圖對於自己的餿主意很慚愧，為了怕袁紹追究，便對袁紹講張郃的小話；說是張郃聽到袁軍慘敗後，喜形於色。張郃知道後，又氣又怕，乾脆與高覽相偕奔逃至曹營。曹營守將曹洪懷疑是詐降，不敢接受，荀攸當機立斷：

「張郃的計畫不被採用，一怒而來歸，有什麼好懷疑的？」

曹洪這才接受了張郃的投降。

連續的挫敗、驚懼，加上張郃的陣前倒戈，袁軍心慌意亂，潰不成軍。袁紹眼見大勢已去，只好帶著袁譚與僅剩的八百騎，灰頭土臉地逃到黎陽。

## 擒殺沮授，搆死田豐

袁軍兵敗如山倒，速度之快，讓沮授還來不及與袁紹一起逃，就被曹軍生擒。曹操很欣賞沮授的才幹，沮授顧及家人都在袁紹手上，表明情願早死不願降，但曹操還是不肯殺他，依舊對他很禮遇；沮授幾度設法逃歸袁紹不成，曹操不得已，最後還是把他殺了。

袁紹在官渡吃了大敗仗，證明田豐之前的許多見解是對的，有人因此以為田豐日後必受重用，但田豐太了解袁紹了，不以為然：

「袁公外表寬宏但內心忌刻，根本不相信我的忠心，而我又數度頂撞他，若這次打勝了，還可能因為喜悅而赦我；現在吃了敗仗，心裡不痛快，我已不奢望活命了。」

田豐果然對袁紹的心思瞭若指掌。當袁紹兵敗，表示愧對田豐時，素來和田豐不對盤的逢紀，便趁機誣陷：

「田豐聽到將軍退守，知道自己當初計謀得當，高興的拍手大笑。」

袁紹一聽，氣得把田豐殺了。

袁紹兵敗不檢討，反而殺了有智謀的忠臣；而曹操的做法正好相反，勝利後，他在袁軍的文書檔案裡，發現很多部屬與袁紹私通的書信，為了「令反側子自安」（讓那些懷有逆志而蓆不安枕的人安心），曹操連看都不看，便一把火燒了。還公開說道：

「當袁紹強盛時，連我都未必能自保，何況是大夥兒呢？」

## 袁、曹的優劣與格局差異

從袁、曹二人的用兵、待人、處事，誰會勝？誰該敗？其實已經很清楚了。

然而，早在袁、曹當年初起兵時，兩人在格局、器度上，就已經分出高下了。

當時，袁紹曾問曹操：

「如果大事不成，有什麼地方可據守的？」

曹操反問：

「你的看法呢？」

袁紹回答：

「我南據河南，北依燕、代，率領戎狄兵眾，南下爭天下，或許可以成功。」

曹操的答案卻很簡單：

「我任用天下賢士的智謀，以道為治理原則，在什麼地方都能行得通。」

袁紹的格局之小，氣度之狹，不僅表現在戰時，敗戰後，更是顯而易見。官渡戰敗後，袁紹雖然損失慘重，但還不至於傷筋動骨；冀、幽、青、并四州仍牢牢捏在手上，但袁紹卻從此灰心喪志，一蹶不振；一年多後，就吐血而死了。

八

# 赤壁之戰：

## 曹操 vs. 孫權／劉備

## 三分天下的關鍵戰役

# 戰役一覽表

一、發生年代：公元二〇八年（漢建安十三年）。

二、戰爭原因：孫權雄踞江東，是曹操唯一的勁敵，曹操想統一天下，勢必得收拾孫權。

三、天下形勢：除了遼東的公孫家、益州的劉璋、漢中的張魯、涼州的馬超、韓遂與窩在江夏的劉備之外，群雄幾已被曹操破殺殆盡。

四、雙方主將：曹操vs.孫權／劉備。
曹操副將：曹仁、徐晃、樂進。
孫權副將：周瑜、程普、呂蒙、黃蓋、甘寧、周泰。
劉備副將：諸葛亮、關羽、張飛、趙雲。

五、運用策略：周瑜使黃蓋詐降，並以火攻大破曹操。

六、造成影響：曹操無力再圖江南，孫、劉逐漸壯大，天下三分之勢遂成。

公元二〇八年（漢建安十三年），五十三歲的曹操，功業達到了空前的高峰。

八年前，他在官渡之戰中，大敗了割據群雄中的超強袁紹；從而躍居神州首強。隨後八年內，他順利掃蕩了袁紹的殘餘勢力，擒袁譚（袁紹長子）、平高幹（袁紹外甥）、斬二袁（袁紹二、三子袁熙、袁尚）。接下來，南征劉表，兵還沒到，劉表就死了；剛繼任的兒子劉琮，怕死了曹操，打都不敢打，便雙手把荊州奉上。放眼天下，除了益州的劉璋、漢中的張魯、遼東的公孫家族、涼州的馬超、韓遂以及江南的孫權這些邊陲地區之外，整個神州的精華要地，已盡在他掌中。

## 曹操唯一大敵——孫權

事實上，其餘群雄中，除了孫權頗具實力之外，劉璋昏庸，張魯地小人少，根本不成氣候。公孫家與馬騰、韓遂則距中原太遠，實力也不足，根本難以構成威脅。換句話說，只要能收拾孫權，其餘的，遲早手到擒來。為了早日一圓統一天下的美夢，在劉琮自動歸服後，曹操便馬不停蹄地率領了數十萬大軍，浩浩蕩蕩從荊州殺向江南。兵到之前，他先寫了封信，給孫權來了個下馬威：

「我最近奉朝廷旨意，討伐罪臣，大軍一南下，劉琮即束手服罪，現在，我統帥八十萬水軍，打算在東吳與孫將軍你會合游獵。」

短短數語，卻極具震撼性！

以袁紹之廣，荊州之盛，都被收拾得乾乾淨淨，現在的曹操，已愈打愈強，憑東吳這點根基，能與之相抗衡嗎？或者乾脆別打了，把白旗掛出來，以免自取滅亡。

## 江東震恐

面對曹操鋪天蓋地而來的兵勢，東吳大臣們大都嚇得驚慌失措。以張昭、秦松為首的主降派，天天在他耳邊絮叨個不停；孫權心裡有數，這些傢伙並不是為他，更不是為東吳著想，而只是想保活命、全富貴而已！

但換個務實的角度來看，張昭這批人的意見，也不是完全沒道理。因為，論基本戰力，雙方差距實在太大了！而偏偏這時候，最有識見膽略的周瑜又不在身邊；最後，搞得連孫權自己也心煩意亂的，面對這個出道以來最嚴重的危機，根本拿不定主意。打嗎？實力遠遠不如人，這可是一場零和遊戲，一旦輸了，不但得掉腦袋，辛苦經營「三代」的江南霸業，就得拱手讓人；降嗎？回首來時路，戰無不勝，攻無不取，要他東手稱臣，不但嚥不下這口氣，更對不起生前辛苦打拚的老爸、老哥的在天之靈。正在苦惱的時候，諸葛亮到了。

## 諸葛亮聯孫抗曹

諸葛亮是由魯肅陪著一起來的。

原來，魯肅一聽到劉表去世，就趕到荊州，爭取劉備的合作，共同對付曹操。

事實上，這時的劉備，除了與孫權聯手，也別無選擇了。

原來，曹操在順利取得荊州後，便順勢對也在荊州的劉備展開掃蕩；劉備當然不是曹操的對手，在當陽被殺得大敗，一路逃到夏口，依附好朋友江夏太守劉琦。

劉備慘敗後，曹操認為劉備已不可能有所作為，便調轉刀口，把兵鋒指向東吳；只要東吳一破，劉備也將無所遁逃。然而，曹操千算萬算，少算了一個神機妙算的諸葛亮；諸葛亮很清楚地知道，劉備眼下唯一生機，就是和東吳聯手，否則，脣亡齒必寒。於是，他在火速上報劉備後，便趕到柴桑和孫權見面。

諸葛亮把孫權的心理狀態摸得很透澈，同時，他也知道，時機緊迫，再沒有孫權猶豫的時間了；不但沒有猶豫的時間，更沒有投降的空間；孫權一降，劉備必亡。所以，今天非要孫權拿定主意拚死一戰不可。

## 雄辯家諸葛亮

於是，諸葛亮開門見山，就給孫權一個極大的壓力：

「將軍您不妨斟酌自己的能力，若能以江東的力量和中原抗衡，就早點正式宣戰；如果不能呢，就乾脆偃旗息鼓，向曹操屈膝稱臣！現在將軍您表面上恭順，但心裡對降或戰又不能早日定奪；危機已迫在眉睫，又不能立刻做決斷。將軍啊！將軍！恐怕您就要大禍臨頭了啊！」

孫權一聽，心裡不禁暗笑，你們家的劉備，被曹操打得丟盔棄甲都不投降了，我孫某的力量雖不如曹操，但比起劉備來不知又強了幾倍；你家劉備都不降了，幹嘛還要我降？想著想著，便脫口而出：

「如果像你所說的，不能戰便降，那劉豫州為什麼不降呢？」

諸葛亮等的就是這句話。他深知孫權雖然年輕，但的確是個當世少見的英雄人物，何況又在江東稱霸已久，怎可能屈辱自己居於人下。對於這種好強性格的人，對付方法只有二種：

一、講道理。

二、激將法。

道理已經擺在眼前，對英雄好漢而言，絕沒有不戰而降的道理；就算打不過，也得拚個魚死網破，也好過忍辱屈膝以求生。

然而，道理雖清楚，方向也很明確，要讓他早點下決斷的方法，就是激起他那好強不服輸的雄心，於是，諸葛亮故意用一種輕描淡寫的口氣回應道：

「漢初的田橫，不過是齊國的壯士，雖然爭天下失敗，卻能守義不受辱；何況劉豫州是皇室宗親，英才蓋世，萬眾之歸心於他，就好像水流大海般，就算大業不能成，也是天意，怎可以輕易屈居人下呢！」

這招激將法果然奏效，孫權聽後，勃然大怒：

「吾不能舉全吳之地，十萬之眾，受制於人，吾計決矣！」

僅憑一席話，不但使猶豫於降、戰之間的孫權堅定主戰，更促成了孫、劉聯手，共同抗曹；最重要的一點是，幫困境中的劉備，找到了一線生機。

然而，打仗不光是憑信心與決心，如何知己知彼，運籌帷幄，才是勝兵之道。大方向既定，諸葛亮接著為孫權分析敵我情勢：

## 曹操名強實弱

一、劉備雖然新敗，但手上的兵力加上劉琦部隊，總共也有一萬多人。

二、曹軍表面上看起來雖強，但一則遠道急行而來，師老兵疲；二來，主力都是北方兵，長於野戰，短於水戰，面對長江天險，根本起不了大作用；三來，曹操雖收了不少擅長水戰的荊州兵，但士眾大都受時勢所逼，人心並未歸附。整體而言，曹軍可謂「強弩之末，勢不能穿魯縞」者也。

三、有鑑於此，若能孫、劉同心，就能打敗曹操；一旦曹操失敗，就會回到中原北方。這一來，彼消而我長，鼎足之勢就形成了；而成敗的關鍵，就在這一戰啊！

諸葛亮和孫權會談後不久，周瑜也到了。在東吳大員中，周瑜不但是第一名將，也是最堅定的主戰派；一見面，不但力勸孫權全力迎戰，也分析了敵我強弱之勢；最後，他向孫權請兵五萬，保證為孫權破敗曹操。

## 孫權決心力戰抗曹

周瑜進一步的勸說，再度激起了這位青年霸主的雄心壯志。他霍然而起，拔出佩刀猛力擊砍面前的桌子，厲聲宣示道：「眾將領中，還有敢提降字的，就跟這張桌子一樣！」計議已定，孫權即派任周瑜為總指揮官，領軍三萬，迎戰曹操。

另一方面，曹操大軍也已來到赤壁，雙方隨即發生了幾場遭遇戰；結果，就如諸葛亮所說的，曹軍連番征戰又遠道而來，已是強弩之末，連數戰皆不利，便退到烏林，雙方隔著長江對峙。

曹軍共分水陸兩大系，陸軍大多是他的基本部隊，水軍和戰艦則大都是收降於荊州，陣容極為強大，總兵力約二十三萬，號稱八十萬。

## 對酒當歌，人生幾何？

空前強大的軍威，面對似乎唾手即可得的江南，眼看著統一天下的美夢將圓，曹操志得意滿之餘，不禁又回首過去二十餘年來的辛苦征戰——唉！生命苦短，白雲蒼狗，人事又已全非，哪裡去尋找英才，幫忙治理這即將到手的龐大江山呢？

他本來就是個詩人，他的詩才，不僅傲視歷代君王，即便在三千年的中國文學史中，也絕對有一席之地。有感則發，向來是詩人的特性，何況是面臨事功顛峰關鍵的英雄詩人！於是在幾盅過後，文思泉湧，慨然吟成了一首千古絕唱——〈短歌行〉：

對酒當歌，人生幾何？譬如朝露，去日苦多。
慨當以慷，憂思難忘。何以解憂？唯有杜康。
青青子衿，悠悠我心。但為君故，沉吟至今。
呦呦鹿鳴，食野之苹。我有嘉賓，鼓瑟吹笙。
明明如月，何時可掇？憂從中來，不可斷絕。
越陌度阡，枉用相存。契闊談讌，心念舊恩。
月明星稀，烏鵲南飛。繞樹三匝，何枝可依？
山不厭高，海不厭深。周公吐哺，天下歸心。

這是三千年中國詩史中，絕佳的一流之作，僅就這首詩，足以讓曹操名垂青史了。

## 鐵索連船種下禍基

當時氣候寒冷，強勁的北風，把戰艦吹得搖搖晃晃的。曹軍中有很多北方人，素來不諳水性，水土又不服，戰船一晃，就頭暈目眩，加上疫病肆虐，戰力折損嚴重；曹操為了解決暈船問題，乾脆將艦隊以鐵索連結起來。這下子，船身穩定了，軍士的作息也漸趨正常，但曹操卻沒有料想到，這種做法，已為自己埋下了慘敗的禍機。

曹操不覺得這樣有什麼不妥，周瑜陣營中，也沒人看出什麼不對勁；但精明又習於軍事的老將黃蓋卻看出了玄機。船艦分開時，憑吳軍的兵員數量，很難各個擊破，但連成一體就不一樣了，剛好可以集中「火力」，予以一網打盡。於是建議周瑜：

「敵人的實力比我方大得多，我們恐怕禁不起持久消耗戰；現在，他們的船艦首尾相接，不妨採用火攻。」

周瑜一聽，就知道是好計；重點是，要如何靠近敵艦，以便放火？便決定讓黃蓋假裝投降，利用降者身分放火。

## 黃蓋詐降，周瑜火攻破曹操

於是，黃蓋便寫了封信給曹操，信中表示，在東吳雖受重視，但以一隅江南，力抗中原百萬之眾，根本違逆天下大勢，所以，情願順應天命來降。

曹操接信大喜，對使者說：

「黃蓋若真的來降，恩賞一定超過之前所有人！」

取得曹操的基本信任後，黃蓋選了一個東南風特別急的日子，親自帶領了幾十艘快船，船中裝滿枯柴、蘆荻，上面澆滿麻油，蓋上帷幕，朝著曹軍艦隊急奔。曹

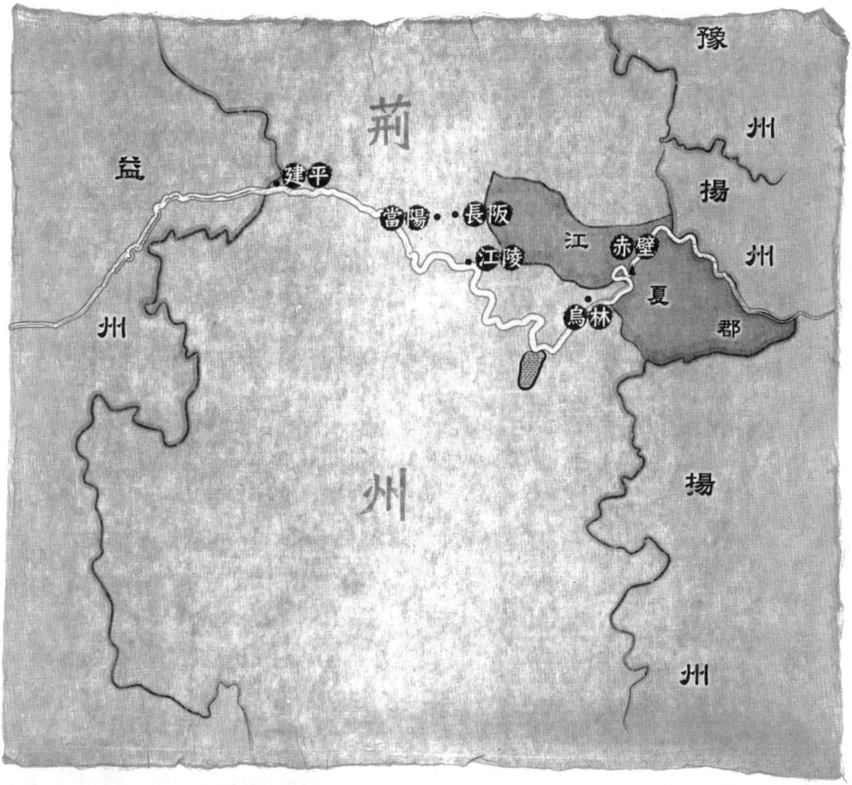


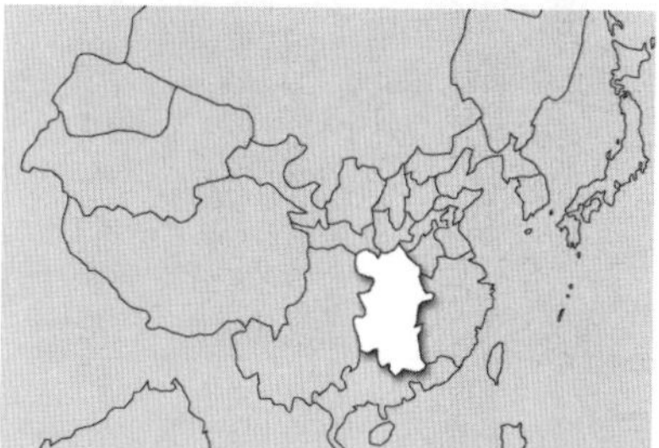

## 赤壁之戰

曹操在收拾了袁紹殘餘勢力後，親率大軍南下荊州，州牧劉琮不戰而降，曹操順利取得荊州後，順勢掃蕩劉備，在當陽將劉備打得潰逃，最後亡命到江夏郡依附劉琦。曹操大軍順利抵達赤壁。

東吳派大將周瑜領軍對抗，一開始，雙方在赤壁附近數戰，曹軍皆失利，遂退至烏林，雙方隔著長江對峙。

東吳將領黃蓋看到曹軍艦隊以鐵索連結，因而獻上火攻之策，周瑜採行，因而大破曹軍。曹操率領殘兵北逃，孫、劉聯軍遂分兵出擊，將大半個荊州攻取，曹操除了將荊北勉強守住外，荊州得而復失。

軍以為黃蓋如約來降，紛紛在艦上、岸邊觀望；眼看就快到時，船隊忽然起火，黃蓋一班人隨即一躍入水，幾十條快船借著風力，急速衝撞曹軍艦隊。曹軍猝不及防，艦隊瞬間起火，火借風勢，從江上燒到陸上，整個曹營頓時大亂，曹軍燒死的、溺死的、自相踐踏而死，加上逃亡的，不計其數；頃刻間，數十萬大軍如同布娃娃般，任人擺布；曹操見情勢不對，下令燒掉餘船，全面撤退。

曹操一退，孫、劉聯軍立刻水陸並進，全力追擊。曹操知道事已不可為，在撤退中，留下大將曹仁、徐晃守江陵，樂進守襄陽，自己率領剩下的一點殘兵回北方去了。一場赤壁大戰，最後以曹操慘敗告終。

## 孫權白忙，劉備白撈，孫劉矛盾

赤壁大戰，基本上是曹操與孫權的對決，劉備方面幾乎沒什麼出力，但獲益反而最大；他利用曹操兵敗的機會，趁機奪取了武陵、長沙、零陵、桂陽等荊州四個郡，後來並以此為基礎，向西奪取了益州，並因而建立了蜀漢國。

孫權方面呢！算是白忙了一場，仗雖然打贏了，也好不容易撈到了一個南郡和半個江夏郡，卻又被劉備把較大的南郡給「借」走了。結果，借了又不肯還，逼得孫權只好啟動干戈，派出大將呂蒙奇襲，殺了大將關羽，才又把荊州奪回來，結果，卻又因此引發了另一場讓蜀漢兵敗國削的夷陵大戰。

## 曹操是最大輸家

曹操則是這場戰役最大的輸家，不但丟了幾十萬人馬，還把剛剛到手的荊州幾乎給丟光了。但這還不是重點，本來兩手空空的劉備趁機崛起，形成了三國鼎立之勢；從此，曹操不但無力再攻取江南，連益州也進不去，統一中國的美夢更永遠破碎。

曹操之所以慘敗於赤壁，最主要的原因，一言以蔽之，高估了自己，低估了敵人，有以致之。孫權是曹操生平所碰到的最強勁對手，周瑜的用兵能力，也不在他之下；但曹操對這點並沒有警覺。在他順利取得荊州，挾連勝餘威南下時，就自信滿滿，總覺得此行必勝，統一天下之日已不遠；志得意滿之餘，因輕敵而致慘敗。

東晉史學家習鑿齒這麼說過：

「昔齊桓一矜其功而叛者九國；曹操暫自驕伐而天下三分，皆勤之於數十年之內而棄之於俯仰之頃，豈不惜乎？」【註】

可謂赤壁之戰的最佳評論。

註 白話翻譯：「當年齊桓公一誇耀自己的功業，就導致九國反對他；曹操則因一時的驕矜自負而造成天下三分，兩人都將辛苦經營數十年的功業毀之於一旦，真讓人嘆息啊！」

九

# 借荊州：

## 劉備 vs. 孫權

關羽之死與劉備之敗的引爆點

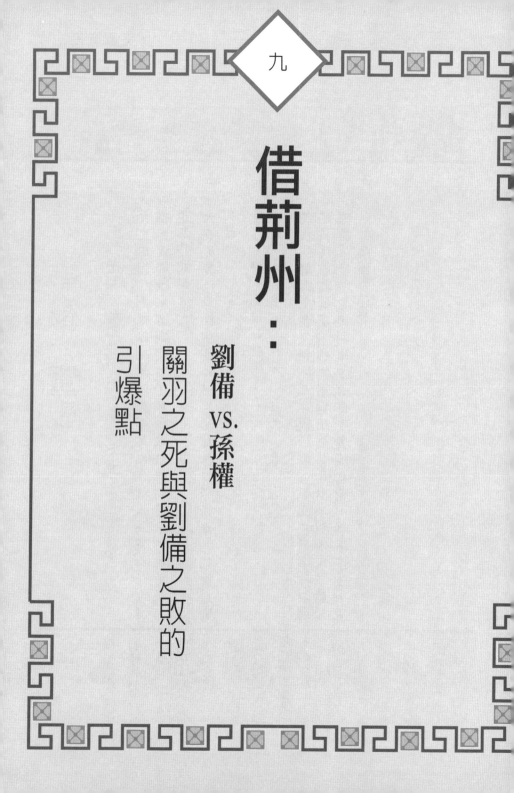

# 戰役一覽表

一、發生年代：公元二一〇年（漢建安十五年）。

二、發生原因：劉備以荊州四郡不足以安置人馬為由，向孫權借南郡（又名荊州）；孫權欲培植劉備，共抗曹操，遂答應出借。

三、天下形勢：曹操稱霸於中原。孫權雄踞江東。劉備據荊州四郡。

四、雙方主將：劉備 vs. 孫權。孫權副將：周瑜、程普、呂蒙、黃蓋、甘寧、周泰。

五、造成影響：劉備久借荊州不還，孫、劉因而反目，孫權遂出兵擊殺關羽，將劉屬荊州全部奪取，劉備為了替關羽報仇，並奪回荊州，引發了夷陵之戰，劉備慘敗，蜀漢從此國力轉衰。

公元二〇八年（漢建安十三年），曹操在赤壁之戰大敗後，引軍而退。劉備、周瑜二路軍水陸並進，追擊曹操；曹操一面撤，一面留下曹仁與徐晃守江陵，樂進守襄陽。隨後，周瑜、程普進擊江陵，雙方遂展開爭戰。沒多久，孫權親自率領大軍圍攻合肥。

## 孫劉矛盾的引爆點——荊州

劉備利用東吳二路大軍在東（合肥）西（江陵）兩方忙得不可開交時，迅速出兵攻取南荊州，順利取得了武陵、零陵、桂陽、長沙四郡，生平第一次真正有了自己的地盤。

赤壁之戰中，最大輸家自然是曹操，不但折損了幾十萬兵馬、無數物資、輜重，還把剛到手的荊州，幾乎全丟光。

最大的贏家，表面上看起來是孫權，因為他幾乎獨力把曹操打敗了，理當接收失敗者的資源；其實不然，孫權真正得到的，只有荊州的一小塊——南郡和一部分江夏郡。

真正最大的贏家是劉備，什麼力也沒出，什麼仗也沒打，結果卻撈到了荊州四郡。

有了四郡，劉備還不滿足，希望再得到南郡。

## 劉備借荊州

公元二一〇年（漢建安十五年），劉備親自跑到東吳找孫權打商量，希望能把南郡借給他；有了南郡，他才能妥當安置他日益增多的人馬。

對於劉備來借荊州（其實只是南郡）一事，東吳內部出現了兩種截然不同的聲音。

周瑜特別上疏孫權：

「劉備素稱梟雄，手下又有關羽、張飛兩大熊虎之將，絕不是能久居為人所用者。最好能將劉備留置，為他建造華美宮室，多給美女，讓他玩物喪志；再把關、張二將分開，各派駐地，讓像我周瑜這樣的人驅使他們攻戰，如此，天下大事即可安定。如今不然，竟濫割土地給他當資本，使這三人合作爭戰於疆場，恐怕會讓蛟龍得到雲雨，終究不會困處於水池中啊！」

魯肅則有完全相反的看法：

「絕不可留置劉備！將軍雖然在赤壁大勝，但曹操的實力仍是超強。我們初得荊州，人心還未歸附，不妨把荊州借給他，讓他好好經營；這一來，曹操多了一個敵人，我們多了一個盟友，這是最好的計謀。」

孫權權衡利害，採用了魯肅之策。

曹操聽到孫權把荊州借給劉備時，正在寫字，這個突如其來的消息，讓他大受震撼，不覺間筆落於地。

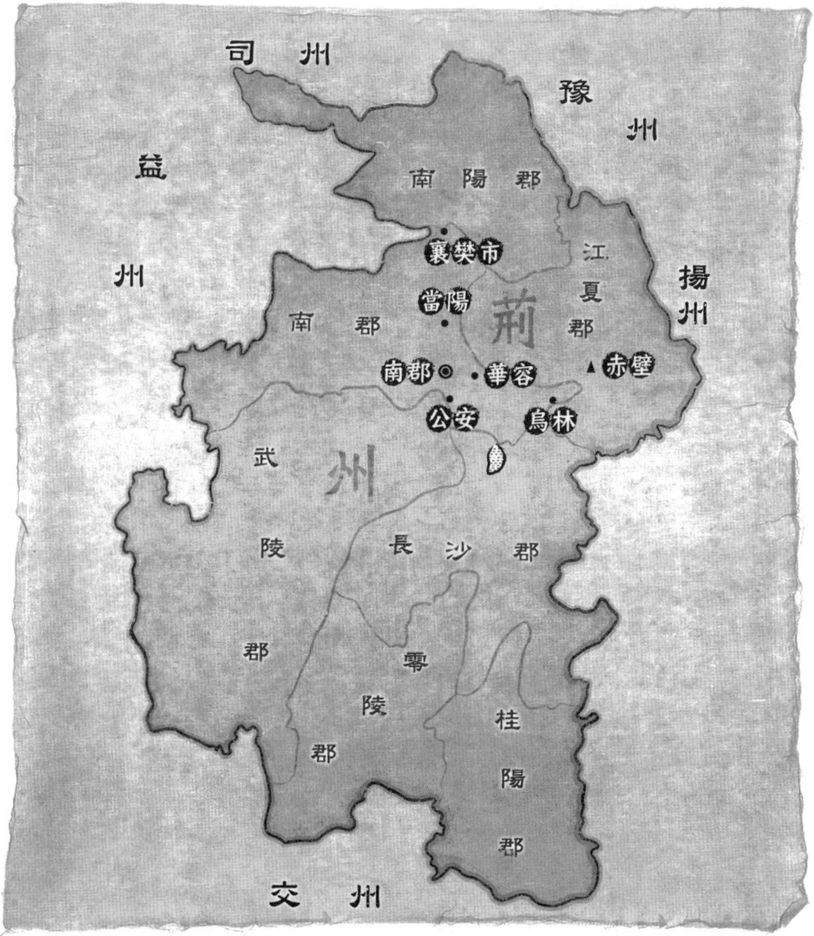

## 借荊州

曹操在赤壁之戰慘敗，孫、劉趁勢出兵奪取荊州。劉備順利取得武陵、零陵、桂陽、長沙四郡，孫權辛苦了半天，卻只得到南郡和半個江夏郡。

赤壁之戰，出力最多的是孫權，但所得卻最少，心中頗為不平。不久，劉備又以地小不足容眾為由，又借走了南郡，大半個荊州遂為劉備所有。

孫權一直認定荊州為東吳所有，劉備白得了四郡，借走了南郡又遲遲不還，荊州遂成孫、劉衝突的引爆點，後來，因此而引起了雙雄之間的兩場大戰。

## 有借無還孫權不爽

劉備在赤壁之戰後，順利取得荊州四郡，在孫權看來，簡直是白撈的，而他之所以還願意借出南郡，主要是想培植一個共同對付曹操的盟友，純粹基於戰略考量。也因此，他始終念念不忘，要把劉備手上的荊州五郡要回來。

公元二一四年（漢建安十九年），劉備經過三年經營，終於取得益州。在此之前，劉備曾宣稱，得益州後就還荊州；看到劉備始終沒動靜，孫權忍不住了，派大將呂蒙攻取了長沙、零陵、桂陽三郡。荊州有失，劉備當然不肯，下令關羽準備開戰，再把這三郡奪回來。這時候，曹操卻忽然出兵攻漢中；漢中是益州的咽喉，漢中有失，益州就危險了。劉備不得已，只好棄車保帥，和孫權談和，重新分配荊州；比較靠近東吳的長沙、江夏、桂陽三郡屬孫權，南郡、零陵、武陵比較接近益州的三郡屬劉備。荊州問題獲得暫時的解決。

## 關羽襲取荊北與兵敗身亡

公元二一九年（漢建安二十四年），劉備從曹操手上奪取了漢中後，即下令關羽攻打北荊州的襄樊地區。

原來，劉備和孫權據有的，只是荊州中部和南部，荊州北部還握在曹操手中；荊北若有失，北方將備受威脅，曹操當然不會坐視，隨時伺機，找翻盤的機會。

關羽在襄樊的軍事行動頗為順利，一時威震華夏。曹操擔心襄樊若有失，自己將直接暴露於強敵刀口下，便打算遷都，但司馬懿和蔣濟幫忙出了一個好主意：「劉備和孫權外表親近，其實內心互相猜忌，關羽在華夏若得志，孫權一定不樂意，可派人勸孫權從背後偷襲，並把江南封給他；這一來，不但襄樊危機可解除，還可以分化劉、孫關係。」

在曹操的支持下，孫權果然派兵突擊關羽，造成關羽敗走麥城，人死，荊州亦全失。

公元二二一年（魏黃初二年），也就是關羽死後兩年，劉備為了奪回荊州，並為關羽報仇，不顧群臣的反對，傾全國之力攻東吳，結果被大將陸遜殺得全軍覆沒。蜀漢為了荊州，連吃了兩場大敗仗，從此國力大衰，三國間的版圖與力量消長又有了新變化；而這些變化，都肇因於「借荊州」，荊州問題在三國史中的重要性，由是而知。

十

# 關中之戰：

## 曹操 VS. 馬超

## 曹操奪取漢中的前哨戰

# 戰役一覽表

一、發生年代：公元二一一年（漢建安十六年）。

二、戰爭原因：關中是曹操進入漢中，乃至於益州的必經之道，而馬超、韓遂等盤踞於其中，曹操決意將這條軍事要道清出來。

三、雙方主將：曹操vs.馬超。曹操副將：賈詡、許褚。馬超副將：韓遂。

四、運用策略：曹操採賈詡之策，分化馬營內部，因而大破馬超。

五、造成影響：馬超敗逃涼州，後來又引發涼州爭奪戰；曹操因此順利收取漢中張魯，對劉備構成威脅，劉備遂又出兵，奪取漢中。

公元二〇八年（漢建安十三年），曹操在赤壁之戰慘敗後，知道自己短期內無法統一中國，因為江南有一個他生平最強勁，而且打不垮的對手孫權。

對南方沒轍，只好把眼光又轉回西方與北方，西方還有個土廣人眾且地肥的益州還沒拿下。問題是，要進入益州，只有兩條路，一條是從荊州，一條走漢中；但荊州大部分地區已因赤壁之敗，被劉備與孫權奪走；漢中則握在張魯手中，想進入漢中，一定得經過關中。關中地區的豪強雖然表面上尊奉中央，但也是「僅供參考」而已，未必會聽命。所以，若不先平定關中，漢中便可望而不可及，益州就更別說了。

## 故意逼反關中諸將

然而，從形式上看，這時候征討關中，畢竟師出無名；為了找一個好藉口，曹操採取了伐虢取虞之計。

公元二一一年（漢建安十六年），曹操派鍾繇征討張魯，另派夏侯淵從河東出動，與鍾繇會合。

消息一出，果然引起關中諸將的疑忌，以馬超、韓遂為首等十部，總共十萬兵，屯據於潼關，正式扯起了反旗。

關中這一動，正中曹操下懷。事實上，他不但要關中反，還要所有的豪強一起反，免得他一個個的打，費神又費時。所以，當他看到關中各部紛紛匯集時，不但不擔心，反而很高興，因為他早就胸有成竹了。於是，一面先派曹仁率軍拒敵，還特別敕令堅壁不出戰，一面安排曹丕留守鄴城，自己則親率大軍，征討關中。

## 致人而不致於人

行軍途中，有人建議：

「關中軍裡有很多羌胡士卒，勇悍善戰，尤其善用長矛，一定得精選前鋒，才能擋得住。」

曹操自信滿滿地回道：

「戰爭要怎麼打，決定權在我，不在賊人；賊兵雖然長矛熟練，我將讓他們難盡所長，大家等著看好了。」

曹操一到，果然把馬超打得大敗，馬超派人表示願意割地求和，曹操不許；既不和就戰吧！曹操也不理。馬超急了，把求和價碼提高，不但願意割地還外加送人質；謀士賈詡建議不妨假裝答應談談，然後伺機施以離間之計。

## 分化馬、韓關係

賈詡為什麼提這種計策？因為他看出來，曹操的目的，不是只想打敗以馬超為首的關中軍，而是想把馬超趕出關中地區；只要能把關中清出來，漢中就伸手可及了。

於是，曹操出馬與代表關中軍的韓遂在陣前相見，韓遂與曹操本來就是舊識，

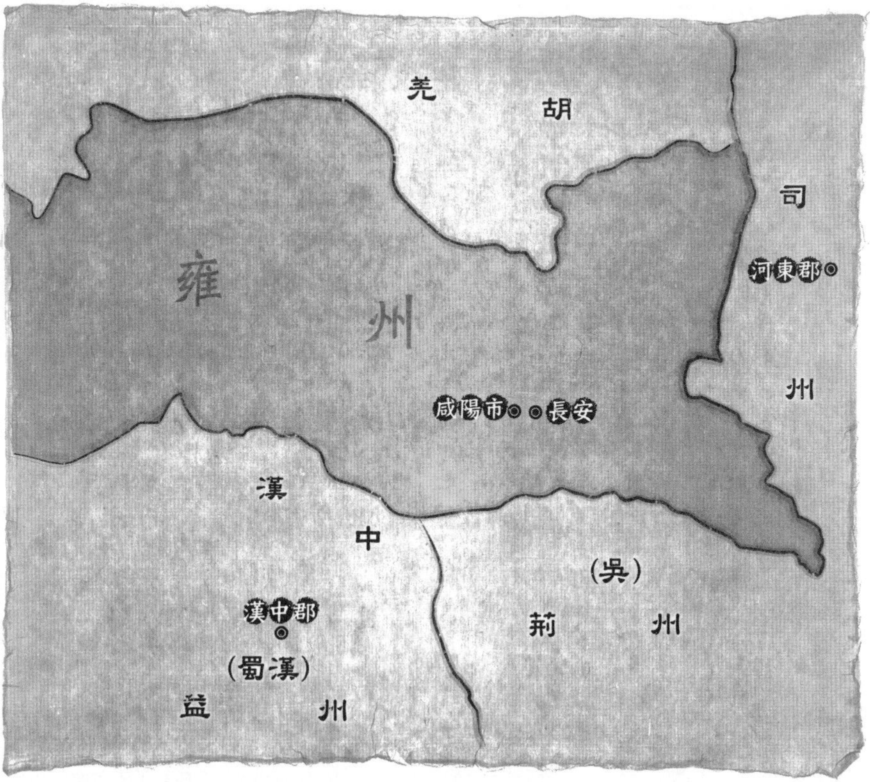


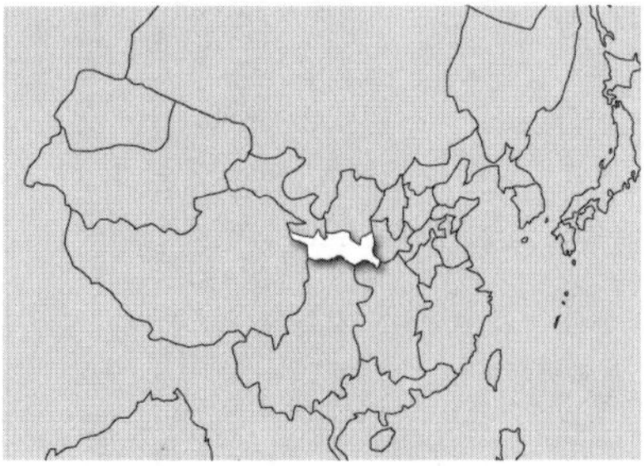

## 關中之戰

所謂關中，指的是長安一帶地區。曹操想攻取蜀漢的益州，一定得從漢中進入，欲入漢中，一定得經過關中，而關中又為馬超、韓遂等據有，為此，曹操決定把位於關中的馬、韓兩顆「石頭」移走，因此引發了關中之戰。

為了逼反形式上尊奉中央的馬、韓，曹操故意派鍾繇征漢中，另派夏侯淵從河東出動，與鍾繇會合，由於這二路軍一定得經過關中，馬、韓心不自安，遂起兵反。

曹操一看計謀成功，遂親自領兵征關中，在謀士賈詡策畫下，大破關中軍，把馬、韓勢力逐出了關中。

曹操利用這點，故意很親切地在馬上單獨與韓遂聊起早年交往的舊事；說著說著，有時還故意拍手大笑，東拉西扯了老半天，就是不提軍事。這時候，關中軍裡的漢、胡士卒紛紛擠過來看這個威震天下的大英雄。曹操也趁機笑咪咪地對眾人說：

「你們不是想看曹公嗎？看清楚一點，並沒有四隻眼睛兩張嘴巴，只是有智慧多謀略而已！」

會面結束後，馬超問韓遂：

「曹公說了什麼？」

韓遂實話實說：

「沒說什麼。」

沒說什麼？兩人之前明明有說有笑的！馬超開始對韓遂起了疑心。

曹操這邊，則是打蛇隨棍上；過了幾天，又故意送了份文書給韓遂，信中有些塗改，好像依韓遂意思改定一樣；這一來，馬超疑心更重。曹操的分化之計已經奏效了。

布置妥當之後，曹操便與馬超約定會戰日期，由於馬、韓之間有心病，士卒眾心不一，戰鬥力大減。結果，關中軍在曹操的攻擊下大敗，馬超與韓遂逃奔涼州，其餘豪強死的死，散的散，曹操遂收定關中。

十一

# 涼州爭奪戰：

## 楊阜 vs. 馬超

## 曹魏統一北方的最後一戰

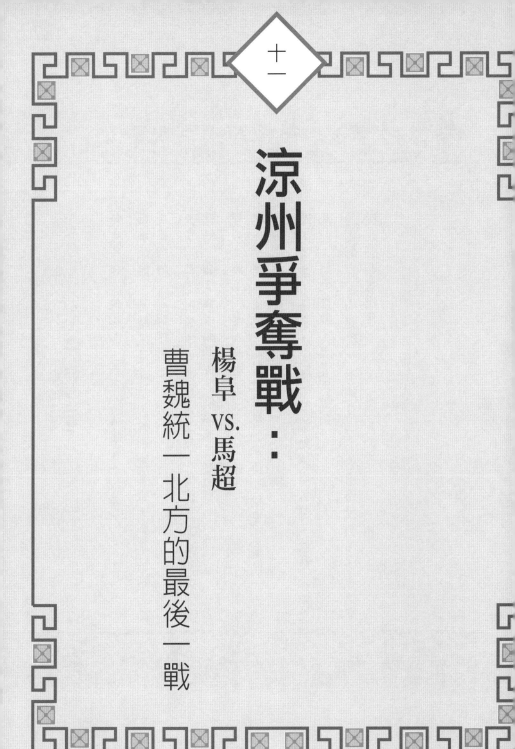

# 戰役一覽表

一、發生年代：公元二一三年（漢建安十八年）。

二、戰爭原因：馬超入侵涼州，殺刺史韋康，參軍楊阜起兵反擊馬超，奪回涼州。

三、天下形勢：併天下十四州爲九州。曹操自立爲魏公、加九錫、始建魏宗廟社稷。劉備入侵益州。

四、雙方主將：楊阜vs.馬超。
楊方副將：姜敘、趙昂、尹奉、李俊、梁寬、趙衢。
馬方副將：楊昂。

五、運用策略：楊阜居中聯絡、策動涼州舊將，以計謀孤立馬超，將之擊敗，並奪回涼州。

六、造成影響：馬超從此不能自立，最後轉投劉備。曹魏則從此將西北穩住。

曹操在關中擊敗馬超後，一路追擊至涼州的安定，才因為聽到田銀、蘇伯造反而退兵。當時，涼州軍事楊阜曾對曹操說：

「馬超有韓信、英布之勇，很得羌胡人心，大軍撤退，如果不好好布置一番，恐怕隴上諸郡都將會有危險。」

所謂隴上諸郡指的就是涼州南部，這一帶是涼州的重心，也是涼州存亡的關鍵。

楊阜的話，果然不幸而言中。曹操才剛走，馬超又帶著羌胡兵復出。失去了關中，他很不甘心，因而把目標對準了涼州。

## 馬超入據涼州

馬超一進入涼州，就引起涼州極大的震動。

馬超身上有一半羌胡血統，在文化上，更像羌胡人；加上馬超英勇善戰又聰明，所以，羌胡人都很擁戴他。當時涼州地區的羌胡人極多，他一起事，整個隴上地區都起來響應，只有涼州治所（等於省會）冀城堅守不動。

公元二一三年（漢建安十八年），馬超收攏了隴右兵眾，加上張魯從漢中派來支援的楊昂軍，共一萬多人，對冀城展開攻擊。冀城一連堅守了八個月，還是不見援軍。

## 冀城成孤城

涼州刺史韋康，眼看著冀城就快撐不住了，只好派別駕閻溫冒險趁夜潛出，向最近的曹軍大將夏侯淵求救，卻不幸被馬超擄獲。

馬超把閻溫帶到冀城下，要他向城中表明沒救兵。閻溫不理會馬超，扯開嗓門，對城上大喊：

「大軍三日內就到，大家多努力啊！」

城中人感動得哭泣，大喊萬歲回應。

馬超雖然生氣，但礙著冀城還沒拿下，只好對閻溫好言相勸，希望閻溫能幫忙勸降。閻溫義正辭嚴地回應：

「服侍君王，除了效死，沒第二條路，難道你還要我講出不忠不義的話嗎？」

馬超一看指望不了閻溫，便將他殺了。

韋康望穿秋水，救兵就是不來，眼看實在等不下去了，韋康和郡守都打算投降，楊阜哭著勸阻道：

「我楊阜等一夥人，率領父兄弟子相挺，是為了幫大人守住這座城，援軍不久將到，為什麼讓自己陷入不義的污名呢？」

不管楊阜怎麼苦勸，兩個頂頭上司依然不為所動，終究還是開了門投降；馬超一入城，便立刻殺了韋康和郡守，據有了涼州。

## 楊阜策畫反擊馬超

馬超很欣賞楊阜的義氣與忠心，不但不殺他，還與他很親近。沒多久，楊阜妻子死了，楊阜向馬超請了喪假，暫時離開冀城。

楊阜的姐夫姜敘是駐守於歷城的將領。楊阜來到歷城，看到姜敘及其母後，傷心的落淚，姜敘很驚訝地問怎麼回事？楊阜哭著說：

「負責守城沒能守住，長官被殺死又不能共同赴死，還有什麼臉面對世人？馬超背叛父親，反叛君王，殺害州將，這豈止是我楊阜一個人所憂心、所應負責的？這可是整個涼州所有士大夫的恥辱啊！你擁有人馬、兵權，而又不肯發兵討賊，這就是趙盾之所以被歷史稱為弒君的緣故【註】。馬超雖然強大，但不講信義，弱點很多，其實很好對付。」

姜敘母親一聽，慨然對姜敘說：

「好了，伯奕（姜敘，字伯奕），韋使君遇難，也是你的責任，不是只有義山（楊阜，字義山）一個人而已。人沒有不死的，能死於忠義，就是死得其所了。你只管盡快行動，不必顧慮我，我自會為你擔當，不會以我的餘年連累你的！」

在母親的激勵下，姜敘乃與同郡好友趙昂、尹奉、武都郡李俊一起計謀，一面準備聯合討伐馬超，一面派人到冀城內約好梁寬、趙衢為內應。

註 趙盾是春秋時，晉國的輔政大臣，為人賢明。國君晉靈公荒淫腐敗，數度要殺趙盾不成，趙盾知道不見容於晉，遂出逃。走到半路，族弟趙穿將晉靈公刺殺，趙盾回來後，並不追究趙穿弒君的罪責，於是，晉國太史董狐寫下了「趙盾弒其君」，公布於朝中，趙盾辯解道：「弒君者為趙穿，我無罪。」董狐反駁道：「你是輔政大臣，逃亡不出國境，回國又不追捕弒君亂臣，弒君者，不是你又是誰呢？」

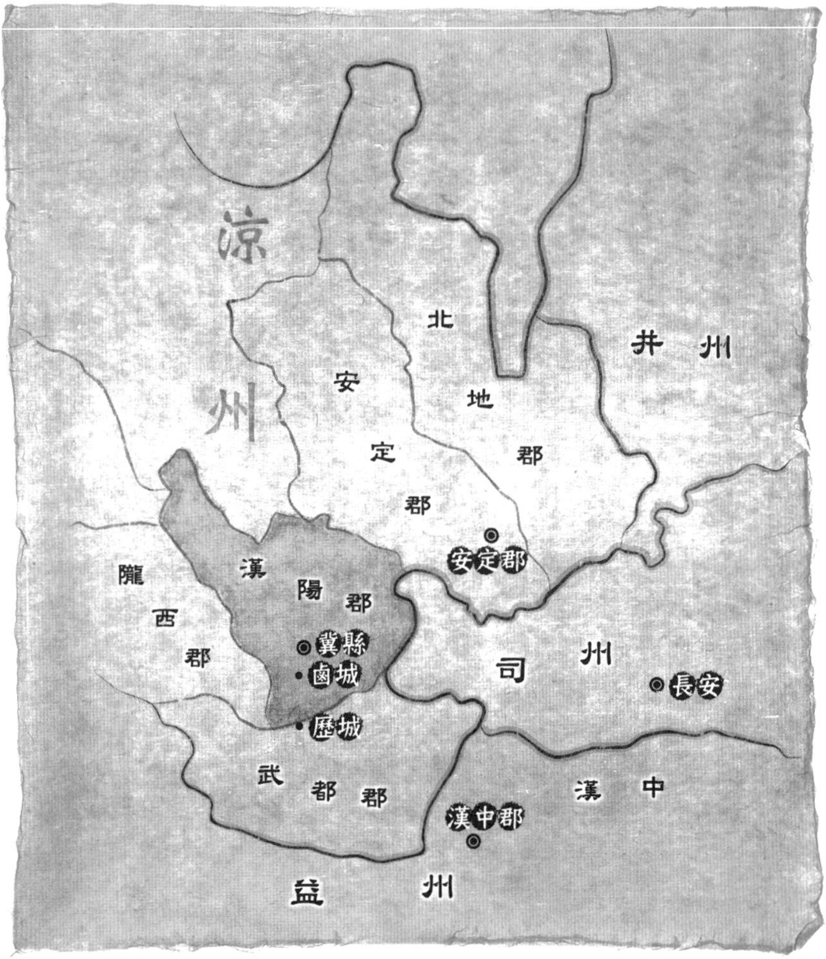


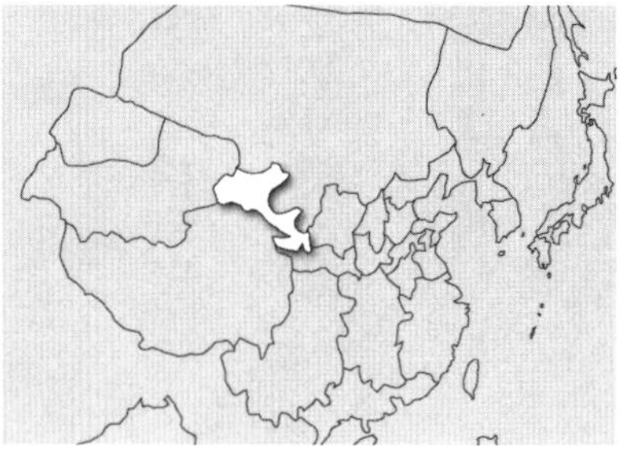

## 涼州爭奪戰

曹操把馬超趕出關中後，一路追至安定才回師。

馬超重整旗鼓，帶著羌胡兵進入涼州，在冀城殺了刺史韋康，據有了涼州。

涼州軍事楊阜到歷城聯合了當地守將姜敘等人，展開反攻，馬超被迫離開冀城，轉襲歷城，殺死姜敘母親，楊阜等追擊至歷城，將馬超擊敗，收復了涼州，馬超只好南下益州，投降了劉備。

先前，馬超就把趙昂兒子找來當人質。反馬一事決定後，趙昂對妻子說：「我們的計畫周詳，事情將可成功，我只是擔心兒子的安危啊！」

妻子一聽，厲聲回應：「洗刷君父的重大恥辱，我們連丟腦袋都可以不顧了，何況是一個兒子！」

## 奇女子姜母

一切安排就緒後，楊阜與姜敘一起率軍出動，趙昂和尹奉則據守祁山，分二路出發，聲討馬超。馬超聽到消息大怒，在冀城的內應趙衢趁機勸馬超親自出城攻擊，待馬超一出，趙衢和梁寬立刻將城門關閉，將城內馬超妻兒全殺光。馬超頓時進退失據，轉而襲擊歷城，逮到了姜敘母親。姜母一看到馬超，就破口大罵：「你這個反叛父親的逆子，殺君的桀賊，天地根本不能容你，不趕快自我了斷，還敢在這裡丟人現眼！」

馬超一怒，殺了姜母卻還無法解恨，又把趙昂的兒子也殺了。

## 楊阜光復涼州

楊阜也隨即與馬超展開死戰，身負五處傷，終於奮力把馬超打敗。馬超連連失利，無奈之餘，只好逃到漢中投靠張魯。

涼州得而復失，馬超很不甘心，幾個月後，又在張魯的支持下，從漢中出發，經雍州北上，再度攻涼州。姜敘聞報，立刻向夏侯淵求救，諸將都以為，出兵這種大事應先向曹操請示。夏侯淵有鑑於上次救冀城不及，以至於刺史韋康被殺，涼州失守的教訓，力排眾議：

「曹公在鄴城，來回四千里，等曹公批准的公文抵達，姜敘恐怕早已失敗，這不是救急之道！」

說完，火速發兵，並以張郃為前鋒；張郃還沒到，馬超就退走，涼州局面終於穩定下來；終曹魏之世，沒有再丟失。馬超最後則轉到益州，投劉備去了。

十二

# 劉備取益州之戰：

## 劉備 VS. 劉璋

## 劉備完成〈隆中對〉戰略目標之役

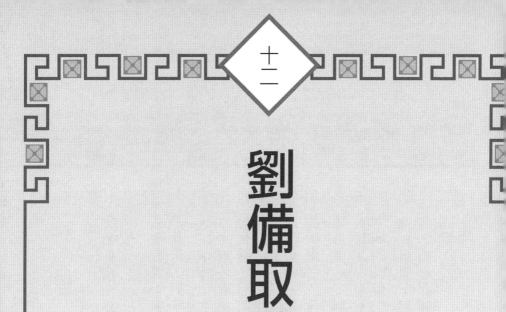

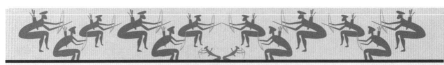

# 戰役一覽表

一、發生年代：公元二一一年至二一四年（漢建安十六年至十九年）。

二、戰爭原因：劉璋請劉備到益州討漢中張魯，劉備伺機謀奪益州，劉璋發現上當，雙方因此兵戎相見。

三、天下形勢：曹操破馬超、韓遂，收定關中。曹、孫濡須口大戰，曹操歎「生子當如孫仲謀」。曹操自立爲魏公、加九錫。馬超入侵涼州，楊阜反擊。

四、雙方主將：劉備 vs. 劉璋。
劉備副將：龐統、法正、張松、諸葛亮、張飛。
劉璋副將：黃權、劉巴、嚴顏、吳懿。

五、運用策略：劉備進入益州後，不斷積蓄實力，聯合諸葛亮援軍，對劉璋形成壓迫性夾擊，迫使劉璋投降，因而奪取了益州。

六、造成影響：劉備初步達成〈隆中對〉中，據有荆、益的基本戰略目標，三分天下局勢終於底定，三國時代眞正來臨。

赤壁之戰後，劉備連攻帶借，順利取得了武陵、長沙、桂陽、零陵與南郡等荊州五郡，初步實踐了諸葛亮在〈隆中對〉中，跨有荊、益的第一個戰略目標；接下來，就是益州了。

## 天府之國益州

益州主要在現在的四川，古稱天府之國，不但土地肥沃，幅員廣大，而且有蜀道天險，進可攻，退可守，是個開基立業的好地方。當年，漢高祖劉邦，就是以此為基礎而成就帝業。這麼一塊好地方，不僅劉備想要，孫權與曹操也都虎視眈眈。

當時的天下大勢是，中原北方有曹操稱霸，江東有孫權雄踞，除了東北幽州的遼東這塊「邊陲」之地外，就只剩下西邊益州這片寶地了。

對於群雄而言，進入益州的最佳門戶，莫過於荊州；但鄰近益州的荊州各郡已被劉備先卡了位，所以，曹操想取益州，只能從漢中進入。漢中在益州東北部，是益州和關中之間的要道。對曹操而言，只要能拿下漢中，則益州就在眼前；這也是他搶先劉備一步，在公元二一五年（建安二十年）攻張魯取漢中的原因。

孫權方面，因為取益州一定得經過劉屬荊州，沒有別的路可走，所以，他曾和劉備打商量，一起聯手拿下益州。然而，益州是劉備的最高戰略目標，自然不願孫權插手，便藉口益州牧劉璋和他分屬同宗，不忍下手而婉拒了。

## 窩囊廢劉璋

劉璋和老爸劉焉，統治益州十八年，因為政績不佳，民心並不怎麼歸附；加上劉璋眼皮子淺，見識短，性格懦弱，能力尤其差；外面的世界打得天昏地暗，經常把他嚇得膽顫心驚。事實上，他自己心裡也清楚，在形勢壓力下，益州遲早都會丟，既是保不住，不妨以益州這塊大肥肉為籌碼，賭賭自己下輩子的身家性命。而他看來看去，天下群雄中，就屬曹操最強，所以，早早就在曹操身上下注押寶。從曹操順手從劉琮手上接下荊州開始，他便頻頻向曹操致意示好，甚至還表明願受征役，遣兵輸糧；幾乎是曹操還沒開口，他就已準備投降了。

劉璋頻頻向曹操送秋波，終於送出了毛病！

劉璋有個手下叫張松，個子小，儀表差，性格放蕩，但極精明富才幹；他看透了劉璋難有作為，早想乘機投靠曹操。

## 以貌取人曹操失機

有一次，張松奉劉璋之命，去向曹操致意時，認識了曹操的主簿楊修。楊修素來以博學又絕頂聰明著稱。他初見張松，便對張松的能力大為激賞，特別向曹操請求，將張松留下來，大加重用。沒想到，曹操因為剛順利取得荊州，加上劉璋又恭順，認定益州根本是唾手可得，便不怎麼把這個益州來的使者當一回事；況且張松那一副尊容，更讓曹操看不上眼，對於楊修的建議，理都不理。張松滿懷期待而來，卻落得受辱而歸，心裡恨死了曹操，回到益州後，便向劉璋猛說曹操的小話。

## 三張催命符——張松、法正、劉備

公元二一一年（漢建安十六年），曹操派軍攻打漢中張魯，消息傳來，劉璋嚇得不知如何是好。張松逮著這個機會，向劉璋大吹法螺：

「曹公兵強馬壯，天下無敵，一旦拿下張魯，奪了漢中，接下來就是我們益州了，請問我們憑什麼對抗呢？」

劉璋垮著臉說：

「我也很擔心，但就是無計可施啊！」

張松一聽，立刻抓住機會：

「劉豫州（備）是您的宗室，也是曹公的死敵，素來善於用兵，如果能請他幫我們征討張魯，一定可以將他收拾。這一來，漢中和益州就連成一體，益州將更強，屆時，就算曹公親自領兵來攻，也拿我們沒轍了！」

張松不斷地搧風，終於說動了劉璋；張松便又推薦了他的好朋友法正擔任使者，到荊州去請劉備到益州來。

法正是劉璋手下的軍議校尉，為人機智有權謀；但劉璋不識貨，沒能重用他。法正一直鬱鬱不得志，為了日後出路，早就和張松達成協議，密謀奉戴劉備為益州之主。

## 益州四忠——黃權、劉巴、王累、嚴顏

劉璋決定請劉備來益州的消息傳出之後，幾個較有見識的部屬紛紛反對。主簿黃權首先發難：

「劉備素有勇猛之名，現在您要請他來，若以部屬看待，恐無法滿足他的期望；若把他當成平行的賓客，則一國不容二君。一旦客人的勢力坐大，那主人可就危險了；所以不妨先封閉邊境，不讓他來，等待天下安定後再說。」

接著是劉巴：

「劉備是英雄人物，他一來，就會成為禍害，千萬不能讓他進入益州啊！」

從事王累的態度很激烈，乾脆把自己倒掛在州治大門，向劉璋明示，劉備若入蜀，則益州將有倒懸之危；但劉璋根本不理睬，氣得王累在州門自刎而死。

巴郡太守嚴顏形容得最好，把劉備請到益州，根本是：

「獨坐窮山，放虎自衛者也！」

## 法正與龐統

但任何反對的聲音都改變不了劉璋的決定，因為法正已經奉命出發到荊州見劉備了。

法正一見到劉備，便私下獻策：

「以將軍您的英明，對付劉璋的懦弱無能，再加上張松做內應，奪取益州，簡直

易如反掌。」

劉備聽了，有點動心，卻又猶豫不決。謀士龐統便趁勢推了一把：

「我們雖已據有了荊州，但經過戰亂，已經殘破不堪，加上東有孫權，北有曹操，恐怕很難在荊州求大發展。但益州則不同，擁有人口百萬，土地肥沃，資源又豐富，如果能以此為基礎，則大業將可成。」

但劉備還是顧慮到對劉璋的信義問題，依然下不了決斷。龐統接著又說：

「混亂的時代，信義沒有一定準則，然而，兼弱攻昧，逆取順守，卻是古人的明訓。不妨在事成之後，對劉璋重重封賞，就沒有信義問題了。」

## 劉備入益州

劉備終於被說服，於是留下諸葛亮、關羽、張飛、趙雲等守荊州，自己帶了幾千人馬進入益州。

劉備一進入益州，劉璋下令沿途守將好禮款待，一路下來，獲得無數物資贈品，劉璋則親率三萬人在涪城與劉備相會。張松認為時機成熟，讓法正勸劉備，趁會面時劉璋沒有心理準備而將他制服，但劉備以太過倉促拒絕了。龐統勸劉備：

「趁會面把劉璋擒住，就可兵不血刃地取得益州，何樂不為？」

但劉備還是有顧慮：

「初入他國，恩信還未建立，不宜這麼做。」

於是雙劉歡飲一百多天，劉璋又給劉備增添兵馬，厚贈物資，讓他有充分力量去打張魯；隨後劉璋回成都等待好消息，劉備則北上到葭萌。

## 龐統獻上中下三策

一到葭萌，龐統又向劉備獻了上中下三策：

上策，選精兵疾行，偷襲成都；

中策，誘殺白水督軍楊懷、高沛，奪其兵眾，然後向成都進軍；

下策，回到荊州，再慢慢計畫取益州。

最後，還提出警告，如果不盡快採取行動，卻又留在益州打混，將會陷入進退兩難的困境。

劉備權衡了半天，雖決定採行中策，但依然沒有具體行動；這時，距劉備進入益州，已過了一年多的時間。

## 馬腳露出來了

劉璋請劉備來益州，是期望劉備幫忙，在曹操之前打下漢中，但劉備來益州的目的，就是奪益州。所以，他一入益州，不但不去打張魯，反而向劉璋要兵、要糧、要餉。私底下，還到處收買人心，伺機壯大自己。就這樣，劉備在益州白吃白喝又白拿的賴了兩年後，忽然傳來曹操將要進攻東吳孫權的消息；劉備宣稱必須回師救援，以免曹操若攻破孫權，則荊州必危，並以此為藉口，又向劉璋要求增援一萬兵馬及大量物資。劉璋對劉備遲遲不肯出兵漢中已很不耐煩，但劉備還是完全不以為意，只是輕描淡寫地表示，張魯不過是個沒用的自守虜，沒什麼好擔心的。劉備清楚表明了不願帶兵去打張魯後，劉璋這才真正明白是引狼入室了；對劉備的態度，也開始改變，出手自然也沒已往大方，對劉備的索求，勉強給了一半交差了事。

## 雙劉翻臉

劉備宣稱撤兵回荊州的消息傳出後，張松不曉得其中玄機，急著寫信給劉備和法正，除了力勸劉備不要撤退外，還強調現在是奪取益州的最佳時機，千萬別錯過。張松的哥哥，廣漢太守張肅，知道弟弟的圖謀後，為了自保，向劉璋告密。劉璋很生氣，一方面殺了張松，一方面下令全軍戒備，正式與劉備翻臉。

張松被殺，劉備知道自己的企圖已經曝光，便藉題發揮，他抓住劉璋不肯如數供應兵、糧的辮子，大做文章。召集全體將士，以嚴詞激勵：

「我們為了益州的強敵，辛苦奔勞，但劉璋愛惜資財，吝於賞功，卻又奢望大家夥兒拚死力戰，天下有這種便宜事嗎？」

事情發展到這個地步，雙劉之間已無轉圜餘地，接下來，只有兵戎相見了。

於是，劉備採取斷然措施，他首先召斬劉璋大將楊懷與高沛，奪其兵眾，接著下令部將黃忠與魏延等出動；並命諸葛亮帶領張飛及趙雲從荊州西行，一方面沿途攻取，再會師成都，與劉璋決戰。

## 為嚴將軍頭

劉備從葭萌向成都前進，一路上所過輒克。另一方面，諸葛亮這一路也很順利，沿途幾乎沒什麼阻力，一直推進到巴郡，才遭到大將嚴顏的抵抗，張飛奮勇拚戰，生擒了嚴顏後厲聲怒斥道：

「大軍來到，為什麼不早投降，還敢逆勢抗爭！」

嚴顏毫不畏懼地反駁：

「是你們粗魯無禮，侵奪我們的家園；益州只有斷頭將軍，沒有投降將軍！」

張飛沒想到嚴顏死到臨頭，還敢嗆聲，氣得下令把嚴顏拉出去砍頭，沒想到，嚴顏不但毫無懼色，還回頭消遣張飛：

「砍頭就砍頭，你發什麼脾氣啊！」

嚴顏這種慷慨赴義的勇氣，激起了張飛的英雄豪情。他素來禮遇士人，尊敬英雄，嚴顏的氣概，讓他大為歎服，當場轉怒為喜，親自為嚴顏解開繩子。所謂英雄惺惺相惜，嚴顏感動之餘，立刻投降。這一段歷史佳話，後來成為文天祥〈正氣歌〉中的千古名句——為嚴將軍頭。

接下來，就等劉備自北而下，諸葛亮自東而西，雙方成都會師後，共擊劉璋了。

## 拒絕鄭度計，劉璋再失機

事實上，在劉備正式起事時，從事鄭度就曾向劉璋獻計：「劉備兵眾不多，軍心也不穩，物資更是不豐富，不妨把巴西郡一帶的民人遷走，將物資全部燒掉，讓劉備沿途無法補給；等他兵到時，嚴加守備，不與對戰。如此不過一百天，劉備糧沒了，就會自己撤退，我們再趁勢展開追擊，就能把他逮住了！」

鄭度的計策確實打中了劉備的要害。劉備很緊張，但法正安慰他：「劉璋頭腦迂腐，絕不會採用！」

法正算是把劉璋看透了，《孫子兵法》中有言：「愛民，可煩也。」劉璋就是因為拘泥於愛民而不知道變通，終於對自己造成煩擾，他居然這麼回鄭度：「我只聽過抵抗敵人以安定人民，沒聽過驚擾人民以對抗敵人的！」

於是派大將劉璝、冷苞、張任、鄧賢、吳懿等拒戰，結果全吃了敗仗；其中，吳懿還投降劉備。

劉璋不死心，又派出李嚴、費觀；這一次，則根本打都不打，便直接豎白旗投降了。這下子，劉備兵勢更強，除分兵攻取各縣外，更進逼益州的重鎮雒城。

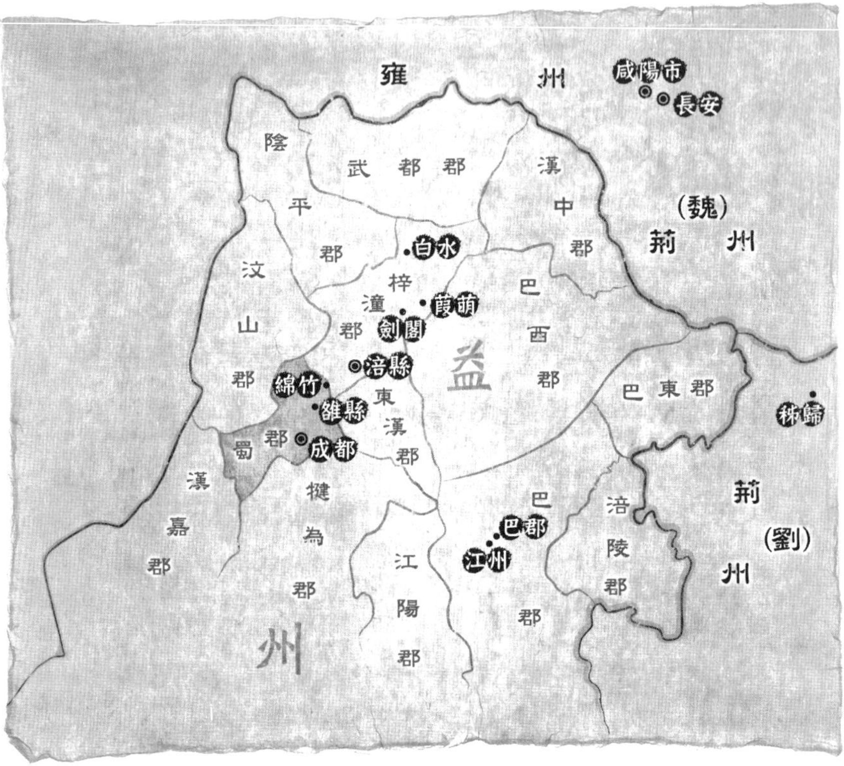


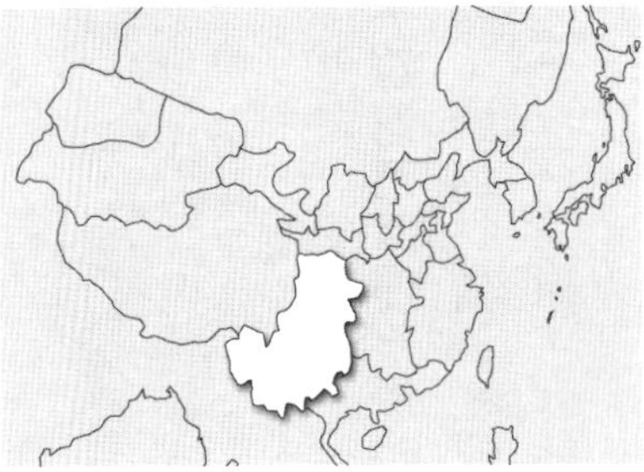

## 劉備取益州之戰

劉備應劉璋之邀，進入益州，幫忙打漢中張魯，劉璋親自在涪城迎接，雙方歡飲一百多天後，劉備率軍北上葭萌，劉璋回成都。

劉備一到葭萌，便在軍師龐統建議下，召斬白水守將楊懷、高沛，奪其兵眾後，向成都進軍，並下令諸葛亮從荊州領軍西行，在成都會師。劉備一路過關斬將，雖不幸在雒城之戰時，軍師龐統中流箭陣亡，但成都已近在眼前。諸葛亮這路軍行程也極順利，大將張飛則在巴郡破降太守嚴顏，雙方終於在成都會師，對劉璋形成合圍之勢。

在形勢壓力下，劉璋獻城投降，劉備遂據有益州。

## 會師成都，益州成囊中物

劉備包圍雒城一年，為攻取益州出力獻策最多的龐統不幸被流箭射死，劉備很傷心；為避免雙方更大的傷亡，便讓法正寫信向劉璋招降；劉璋雖然不理，但劉備終於還是攻破了雒城，順勢進擊成都。這時，諸葛亮的援軍也趕到，雙方會師後，對成都形成合圍之勢。

劉備大軍包圍成都沒多久，忽然傳來好消息——馬超來降。馬超是西涼名將，武藝高強，手下的西涼兵素來驍勇。一個劉備已令人吃不消，現在又加上馬超，劉璋的形勢愈來愈險峻，壓力也愈來愈大，劉備趁機派部屬簡雍勸降。

事實上，這時的成都城裡，尚有三萬軍以及能支撐一年的糧食。劉璋雖然昏庸，但心地卻很善良，他不忍成都老百姓遭受戰火殺戮的荼毒，便派了張裔去見劉備。在劉備答應禮遇他，並安頓人民後，劉璋遂由簡雍陪同，出城投降。費了三年工夫，劉備終於取得了益州。

對劉備而言，取得益州，總算達成〈隆中對〉中，跨有荊、益最基本的戰略目標，從此他終於擁有了真正屬於自己的完整地盤，並以此為基礎，向「興復漢室」的終極目標邁進。

就歷史而言，自劉備握有荊、益二州後，真正的三國鼎立之勢，才正式展開。

十三

# 荊州三郡爭奪戰：

## 孫權 VS. 劉備

## 不戰而屈人之兵的經典戰役

# 戰役一覽表

一、發生年代：公元二一五年（漢建安二十年）。

二、戰爭原因：劉備借荊州，有借無還，孫權一怒，派呂蒙以武力奪取荊州三郡。

三、天下形勢：曹操征漢中張魯。孫權邀劉備共取益州，劉備拒絕。劉備進圖益州，孫權大怒，遂派出官員任職長沙、零陵、桂陽三郡，卻被關羽全部逐回，孫權一怒，派呂蒙出兵奪取。

四、雙方主將：孫權 vs. 劉備。
孫權副將：呂蒙、魯肅、鄧玄之。
劉備副將：郝普、關羽。

五、運用策略：呂蒙：一、先禮後兵，二郡出降；二、先兵臨城下，再示利害禍福，第三郡出降。

六、造成影響：因曹操攻漢中，劉備乃與孫權言好，雙方重分荊州，但也成了日後孫、劉爲荊州反目的引爆點。

赤壁大戰後，孫、劉雖是獲勝的一方，但出力最大的孫權，只得到了南郡和半個江夏郡。沒出什麼力的劉備，反而白撈到武陵、長沙、桂陽、零陵四個郡。沒多久，劉備又以地方太小，不足以容納兵眾為由，向孫權借走了南郡。

## 孫、劉矛盾引爆點

孫權為了達成聯劉抗曹的戰略目的，雖然答應暫借南郡（南郡又名荊州，這件事也就是俗稱的「借荊州」），但心裡始終認定，劉備雖然據有荊州五郡，但遲早都得還給他。一段時間過去了，劉備並沒有要歸還的意思，孫權開始著急了。

之後，孫權為了把劉備擠出荊州，曾邀劉備一起攻取益州；劉備卻以益州牧劉璋和他分屬宗室，不忍心下手為由拒絕了。孫權不聽劉備胡扯，打算獨自派兵攻取，問題是，東吳想攻益州，一定得從劉屬荊州走；劉備不但不答應借道，反而派關羽屯駐江陵，張飛屯駐秭歸，諸葛亮駐守南郡，自己則鎮守於孱陵。這種布局，等於把進入益州的路全堵住了。孫權沒辦法，只好取消行動，但要回荊州的心意也更堅定了。

公元二一四年（漢建安十九年），劉備終於取得了益州。孫權氣得大罵劉備狡猾不講信義，立刻派諸葛謹去向劉備要求還荊州。但劉備卻又耍起賴來：

「我正在計畫攻取涼州，等涼州到手後，就把荊州五郡全都奉還。」

## 呂蒙輕取荊州二郡

孫權知道這又是劉備打高空的推託之辭，不再和劉備多廢話，自己派人去長沙、零陵、桂陽三郡接手任職；結果，全被關羽趕了回來。這下子孫權火了，用嘴巴要不成，只好用拳頭搶；於是派呂蒙率領兩萬兵，用武力把這三郡奪回來。

呂蒙先禮後兵，先以書信向三郡招降，長沙、桂陽立刻歸服，只有零陵太守郝普堅守不動。

劉備聽到孫權準備硬幹，馬上由益州趕到公安，並下令關羽出動，將三郡奪回來。孫權也立刻反應，親到陸口坐鎮，並派魯肅領兵一萬屯駐於益陽，以備迎戰關羽，同時命呂蒙暫時放下零陵，到益陽與魯肅會師，一起對付關羽。

## 呂蒙智賺郝普

呂蒙當時正與郝普相持，接到孫權的命令文書後，悶不吭聲，隨即在當晚召開諸將會議，布置攻城計畫。第二天清晨，當攻擊架式擺好後，呂蒙把郝普的好朋友鄧玄之找來，說道：

「郝普聽說人間有忠義這回事，也想這麼做，這是好事；但現在可不是好時機。劉備已被夏侯淵困在漢中，關羽則身在南郡，我們主公又親自來（荊州）征討，他們二人都身陷危機，自顧不暇，哪有餘力來救零陵呢？如今，我經過深思熟慮與萬全準備，決定攻城，今天之內必可攻破；城破之後，郝普必死，不但對事情沒有一

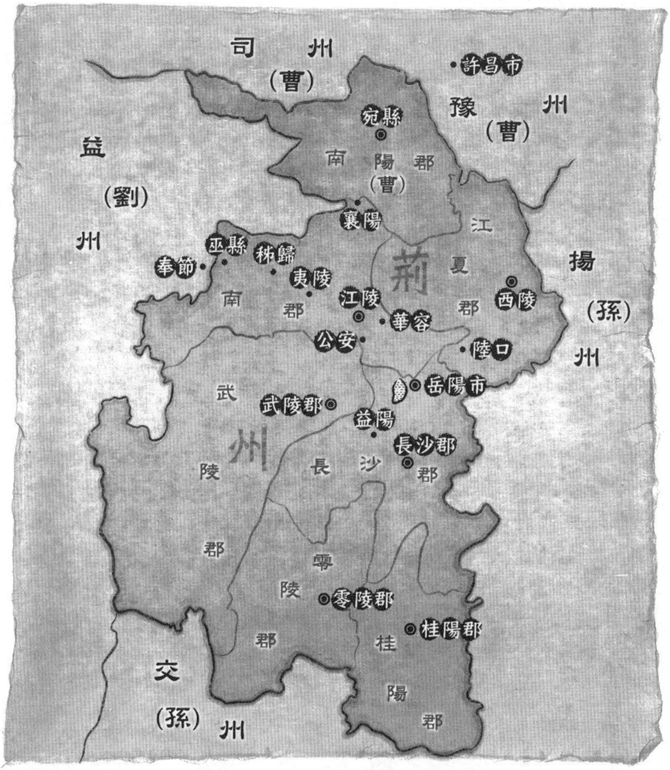


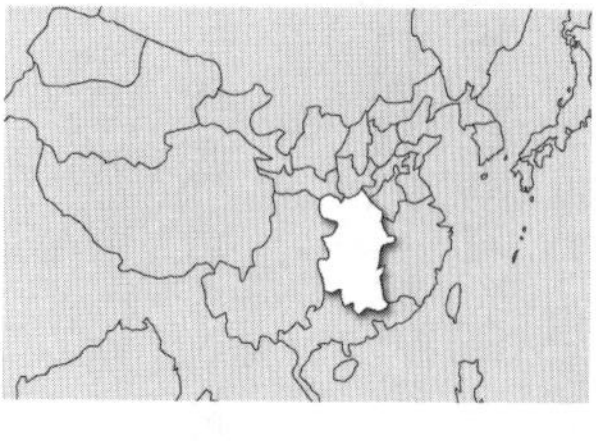

## 荊州三郡爭奪戰

公元二一五年（漢建安二十年），荊州七郡中，南陽郡屬曹，江夏郡屬孫，其餘南郡、武陵、長沙、零陵、桂陽，則為劉備勢力。

赤壁大戰結束後，劉備趁勢攻取了武陵、長沙、零陵、桂陽，不久，又向孫權借走了南郡。

孫權在赤壁之戰出力最多，只得到江夏和南郡，而劉備借了南郡又賴著不還，孫權心中甚為不平，而他派到長沙、零陵、桂陽任職的官員，又全讓屯駐於南郡，負責節制劉屬荊州的關羽給趕了回來，孫權一怒，遂派呂蒙領軍把這三郡奪回來。

呂蒙一面出動大軍，一面發信給這三郡太守，長沙、桂陽立刻歸服，只有零陵不動。呂蒙一面故布疑陣，一面派人向太守郝普曉以利害，郝普在現實形勢下，被迫出降。

劉備聽到三郡有失，下令關羽出動，將三郡搶回，這時，忽然傳來曹操將攻漢中的消息，劉備只好與孫權談和，雙方重分荊州，偏西的南郡、武陵、零陵屬劉備，偏東的江夏、長沙、桂陽歸孫權，孫、劉間的荊州問題，暫獲解決。

點幫助，還會連累白髮老母受誅，這可真夠慘的了！我知道城中已與外界隔絕，郝普卻還以為援軍將來，因而打算做無謂的抵抗；你不妨去找郝普，向他說明形勢利害與禍福。」

鄧玄之把呂蒙的話轉達給郝普，郝普很害怕，只好打開城門投降。事後，呂蒙把孫權要他撤退去益陽與魯肅會師的文書給郝普看，郝普才知道上了呂蒙的當，羞愧的無地自容；但已於事無補，呂蒙早已兵不血刃地奪得三郡了！

## 曹操攪局，荊州問題暫時平息

另一方面，魯肅兵到益陽後與關羽展開了對峙，雙方並舉行了會談，於是出現了《三國演義》上所說「關雲長單刀赴會」的故事。會談的氣氛當然不會好，關羽的武藝雖然高強，但言語爭辯的本事卻很一般，幾度被魯肅駁得啞口無言，頓時氣氛非常緊張，戰爭隨時會爆發。

就在這個緊要關頭，忽然傳來曹操將攻打漢中的消息。漢中在益州東北方，是益州與關中之間的戰略要地，當時還在張魯手中，劉備不怕張魯，但對曹操則不然；一旦漢中落入曹操之手，等於在益州頭上架起了一把刀。為了怕益州有失，劉備只好向孫權求和，雙方遂重分荊州，長沙、江夏、桂陽三郡靠近東吳，歸屬於孫權；南郡、零陵、武陵則因靠近益州，歸屬於劉備。

荊州問題雖在表面上獲得解決，其實還是暗潮洶湧。四年後，孫權再度派呂蒙出擊，不但殺死了三國名將關羽，還將其他三郡奪回來，荊州之失與關羽之死，又導致劉備進攻東吳，最後慘敗於夷陵，蜀漢國力自此大衰。

劉備由荊州轉強，也因荊州轉弱，荊州的得失，成了劉備強弱的關鍵；荊州對劉備而言，不但是美夢，也是惡夢啊！

十四

# 合肥保衛戰：

## 張遼 VS. 孫權

## 八百騎破十萬軍的勇悍

## 經典之役

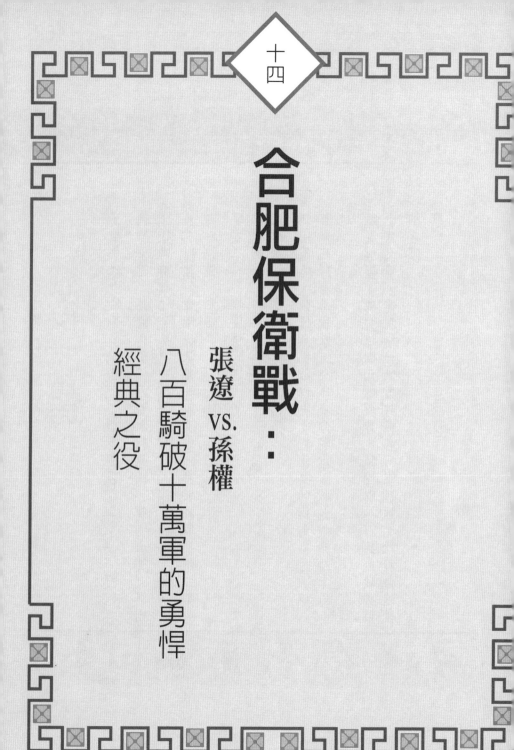

# 戰役一覽表

一、發生年代：公元二一五年（漢建安二十年）。

二、戰爭原因：孫權為了幫劉備牽制曹操，親率十萬大軍北上進攻合肥，合肥守將張遼無懼兵少力微，率軍反擊。

三、天下形勢：曹操收張魯、取漢中。呂蒙襲取荊州三郡。孫、劉重分荊州。

四、雙方主將：孫權 vs. 張遼。
孫權副將：呂蒙、淩統、甘寧、賀齊。
張遼副將：李典、樂進、薛悌。

五、運用策略：張遼無視於以七千對十萬的絕對劣勢，以八百敢死隊奮勇出擊，吳軍氣奪膽虛，被張遼殺得大敗而逃。

六、造成影響：破解孫權北進攻勢，張遼以八百兵大破孫權十萬大軍，建立起一代勇將威名，讓孫權從此對張遼畏憚不已。

公元二一五年（漢建安二十年），呂蒙兵不血刃地奪取了荊州長沙、零陵、桂陽三郡後，劉備立即調動大軍，正準備和孫權兵戎相見時，卻因曹操進兵漢中，促成了雙方的和解。

雙方重新畫分荊州，結果，只不過把呂蒙奪來的零陵換成江夏，而江夏本來就是東吳的，孫權可說又白忙了一場。

孫權之所以願意白做買賣，其實也有他自己的戰略考量；如果曹操據有了漢中，進而攻取益州，再從益州順流東下，東吳就岌岌可危了。換言之，孫、劉面對曹操這個強敵，其實脣齒相依，為了自己的生存，孫權自然得顧全大局了。

## 南北軍事要道——合肥

孫權所做的，還不只是這樣，為了幫劉備牽制曹操，當然也為了自己，和談完成後，他立刻親領十萬大軍，揮師曹屬揚州的合肥。

事實上，曹操早防著孫權有這一招。

對於熟讀兵法且又善於用兵的曹操而言，自然明白合肥是從南向北攻許昌的最佳途徑。不僅如此，他在西北用兵，就不能不防著孫權從東南襲其後，而最可能也最應防備的重點，也是合肥。基於這樣的戰略考慮，他早派張遼、李典、樂進三將，領兵七千餘駐屯合肥，而且還在征張魯時，親自寫好指令給合肥護軍薛悌，封信上特別註明「賊至乃發」。孫權一到，薛悌把指令打開，只見上面寫著：

「如果孫權來攻，張遼、李典出戰，樂進防守，薛悌不必參與軍事行動。」

曹操為什麼這樣安排？

張遼、李典勇銳，當然主攻；樂進則因持重，負責守城；薛悌是文職官員，自然只負責處理官方文書。

## 一代勇將張遼

面對孫權的十幾倍優勢兵力，大夥兒都覺得眾寡懸殊，一下子也拿不出什麼有效的應對辦法；大部分人都主張求援待變。就在這時候，張遼跳了出來：

「曹公遠征於漢中，若要等救兵來到，城早被攻破了，指令明明是讓我們出戰，目的是趁敵人還未完成整合時發動奇襲，以挫折敵人的氣勢。這樣一來，我們的軍心就會安定；軍心一定，防線也才能堅固啊！」

樂進等一干人聽了，都閉口不回應。張遼一看大家悶不吭聲，火大了：

「成敗之機，就在這一戰；如果大家擔心，我張遼將獨自擔當，出城決戰！」

李典素來與張遼不對盤，但張遼這種勇於任事，力扛成敗的精神，讓他瞿然動容，因而慨然呼應：

「面對國家安危大事，我怎可以私怨害公義呢？您只管設計定謀，我將追隨出戰！」

## 張遼單挑孫權

於是，張遼連夜組成了八百人的決死突擊隊，殺牛犒賞一番。第二天一早，張遼領軍率先突陣衝殺，一口氣殺敵數十，斬二大將；隨後大聲呼叫自己名字，急殺至孫權麾下，直取孫權。面對瞬息萬變的戰勢，孫權大驚失色，一下子不知道如何反應，只好急退至附近高地，以長戟自我防衛。但張遼卻絲毫不肯放鬆，急追而至，在高地下大聲叫陣，要孫權下來決一死戰。孫權被張遼的氣勢震懾住了，嚇得不敢動彈，等一回神，發現張遼也不過幾百人時，立刻下令將張遼團團包圍。面對千軍萬馬，張遼毫無懼色，帶著幾十人殺向敵陣，衝開缺口，迅速突圍而出。這時，陷入孫權大軍重圍的幾百軍士大喊：

「將軍要捨棄我們嗎？」

## 十萬人敵

張遼聽到部下呼救，立刻掉轉馬頭，再度回身衝入孫軍陣勢中，順利把部下救出來。整個過程如行雲流水，十萬孫權大軍，眼看張遼來回衝殺，指東打西，如入無人之境，個個氣奪膽虛，無人敢攖其鋒。

張遼以弱挑強，以寡擊眾，竟能以八百騎，重挫敵軍銳氣，合肥軍民士氣大振，遂定下心來，堅城固守。

張遼退守入城後，孫權隨即將合肥包圍，但十幾天下來，根本找不到攻擊破綻，便下令撤退。

張遼在城上瞭望，發現孫軍主力雖已撤走，但孫權卻還帶著部分將士逗留在附近的逍遙津，便又帶著騎兵悄悄掩殺而至。

孫軍沒想到張遼還會再來，而且還來得這麼迅捷，一時間措手不及，再度慘遭張遼蹂躪。眼看孫權又將陷入險境時，大將呂蒙與甘寧迅速出陣頂住張遼，淩統則在護守孫權衝出重圍後，回身與張遼拚戰。幾回合下來，身邊軍士全部戰死，自己也受了傷，但淩統負傷不退，一直到確定孫權完全脫離戰勢後，才退了回去。

這時候，孫權正騎著駿馬逃到逍遙津橋上，橋上有個一丈多寬的大缺口，靠著親近監谷利（親近監是官名，谷利是人名，姓谷名利）以鞭抽打以助馬勢，才得以一躍過橋，大將賀齊聽到孫權有難，急走水路來援，率領三千人在橋邊迎接，孫權這才真正完全脫險。

## 孫權一生的奇恥大辱

孫權登上大船宴飲，賀齊哭著說：

「主公無比尊貴，理當持重小心，今天的事情，差點釀成大禍，讓臣下的我們驚恐萬分，好像天崩地裂般，希望您能終身記取這個教訓。」

孫權親手為賀齊擦淚，說道：

「真慚愧啊！我已刻骨銘心了，不是只書寫在束身的大腰帶而已！」

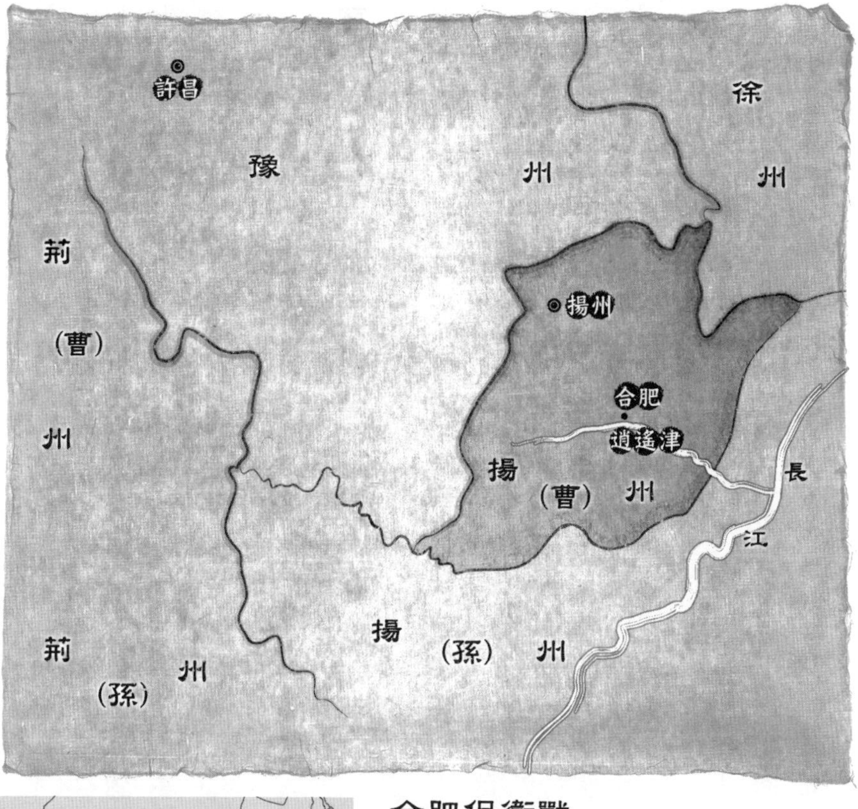

## 合肥保衛戰

孫權爲了幫劉備牽制曹操，親率十萬大軍，北攻曹屬揚州的合肥。

曹操大將張遼，親率八百敢死隊，奮勇衝殺孫軍，孫軍不敵，南撤回師，又被張遼領軍突襲，幸虧凌統、呂蒙、甘寧拚死力戰，才勉強保住孫權不被擒殺，東吳大將賀齊聞訊，走水路領兵來救駕，孫權才得以全身而退。

曹操先前見識過孫權的帶兵、用兵後，曾讚美道：

「生子當如孫仲謀！」

然而，孫仲謀一旦對上了張文遠（遼），卻以十萬大軍慘敗於八百騎，創下了一生征戰的「最恥辱紀錄」，正好反映了張遼的智勇兼備，不愧為名將如雲的曹魏五良將之首。有關張遼的故事，請參閱本系列《三國群英》一書中的「張遼篇」，有詳細說明。

## 萬人敵──關羽、張飛、趙雲

三國時代裡，除了這次的張遼之外，還出現過好幾次以一敵萬的絕對英雄事跡。

官渡大戰前夕，曹操率軍解白馬之圍，面對來攻的袁紹大軍，關羽以單騎長驅直入萬軍中，取上將顏良首級，如探囊取物。

曹操收降荊州後，順勢追擊劉備，張飛為了掩護劉備脫逃，在當陽長阪據水斷橋，以一身橫矛對著五千曹軍怒吼叫陣：

「身是張益德也，可來共決死！」

操兵無敢近者！

劉備取漢中之戰，趙雲領數十騎出營巡視，尋找逾期未歸的老將黃忠，不意間碰上數萬曹軍，趙雲不但不退，反而突陣衝殺，數萬曹軍被趙雲衝散。趙雲且鬥且退，安然回營後，又以勁弩射殺追來的曹軍，曹軍大駭，自相蹂踐，傷亡慘重。劉備讚美趙雲：

「子龍一身都是膽也！」

三國時代之所以動人，之所以偉大，此其一也！

十五

# 漢中爭奪戰：

## 曹操VS.張魯／劉備VS.曹操

## 劉備邁向功業顛峰的戰役

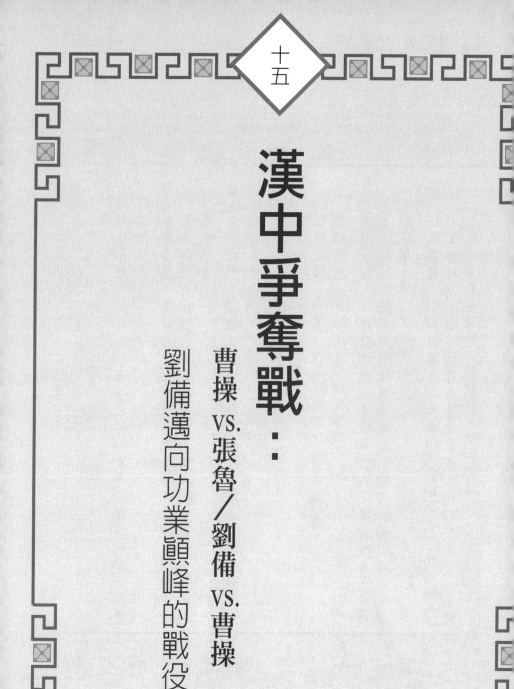

# 戰役一覽表

一、發生年代：公元二一五年至二一九年（漢建安二十年至二十四年）。

二、戰爭原因：曹操爲打通進入益州要道而攻取了漢中，劉備爲解除曹操進占漢中，對益州構成嚴重威脅，遂出兵奪取漢中。

三、天下形勢：劉備、孫權重分荊州。孫權攻合肥，被張遼殺得大敗而還。曹操建天子旌旗。

四、雙方主將：曹操vs.張魯／劉備vs.曹操。
張魯副將：閻圃、張衛。
劉備副將：法正、黃忠、趙雲、張飛、馬超。
曹操副將：夏侯淵、張郃、郭淮。

五、運用策略：法正設計誘使夏侯淵出戰，讓老將黃忠在定軍山將之斬殺。郭淮以不能而示之能，劉備因而不敢縱兵追擊，保全了魏軍。

六、造成影響：劉備據有完整的益州，眞正完成了〈隆中對〉中，跨有荊、益州的基本戰略目標，達到了生平功業的最高峰，而狹義的三國時代也更加確立。

漢中原是益州轄下的一個郡，但漢中太守張魯和益州牧劉璋素來不對盤；所以，對益州而言，漢中等於是獨立的割據政權。

## 戰略要地——漢中

然而，漢中雖小，戰略地位卻極為重要。漢中位於益州東北部，是從益州到政治中心關中長安與中原洛陽之間的要道；換句話說，若想從中原南下益州，或從益州北上中原，一定得走漢中。因此，漢中歷來為兵家必爭之地。

公元二一四年（漢建安十九年），劉備取得益州，真正實踐了〈隆中對〉跨有荊、益的基本戰略目標後，引起了曹操的戒心。

劉備有了荊、益之後，在戰略上可形成對曹操的夾擊攻勢，一路走荊，一路出益，如果再聯合孫權從江南出兵，三路大合擊，曹操將備受威脅。所以，盡速奪取漢中，便成了曹操的當務之急。

劉備雖然取得了益州，但並不包括漢中，他當然也知道漢中的重要性；但因為初得益州，諸事待議，百廢待舉，一下子還騰不出手來，因而被曹操占了先機。

## 曹操攻取漢中

公元二一五年（漢建安二十年），也就是劉備取得益州的第二年，曹操率領大軍，親自征伐漢中張魯。

曹操不愧是當時的神州超強，張魯一聽是曹操自己來，心裡就著了慌，打算獻出整個漢中投降，卻礙於弟弟張衛反對；張魯沒辦法，只好讓張衛出戰，結果在陽平關被曹操打得大敗。陽平關一敗，張魯知道撐不下去了，下定決心歸順曹操。

張魯部下閻圃很有頭腦，他知道形勢雖然非降不可；但現在投降的時機不對，會減少自己的籌碼，更撈不到好處。便勸張魯：

「現在投降，是迫於壓力，對手不會重視，更不會有功勞；不如透過杜濩去投奔夷王朴胡，與朴胡聯手，擺出抗拒之勢，讓敵人知道我們還有實力後再投降，這樣就不失功勞了。」

張魯覺得有道理，決定採行。臨走前，部下打算把倉庫裡的財寶物資燒掉，張魯立刻加以阻止：

「我本來就打算歸順國家，但卻一直沒能達成；今天的撤退，是為了避免兵鋒相向，沒有什麼惡意，寶貨倉庫是國家所有，不宜燒。」

於是，將倉庫妥善封藏後才離去。

曹操進占漢中後，對張魯這種做法很讚許，特別派人撫慰。

## 得隴不復望蜀

漢中既然到手，進入益州的道路也就順利了，主簿司馬懿便建議曹操：

「劉備以詭詐之術奪取益州，蜀人還沒有歸心於他；我們現在已拿下漢中，益州人心惶惶，不如趁勢進攻，應可順利攻取益州。」

但曹操這時心中掛念著回師，進一步穩定自己在朝廷中的威權，便借用漢光武帝劉秀對岑彭講的話回道：

「人苦無足，既得隴，復望蜀也！」

曹操的話，擺明了罷兵回師的意圖，便留下夏侯淵率領張郃、徐晃留守漢中，自己回鄴城去了。

漢中被曹操奪走，劉備當然不能坐視沒事在自己頭頂上晃的這把刀，不把曹操趕走，他在益州就坐立不安。部屬法正很知道漢中的重要性，特別提醒劉備：

「曹操一舉而收張魯，取漢中，居然不趁勢進兵巴蜀，反而留夏侯淵、張郃駐守；這兩人的才略，遠不及我們的將領，這可是老天爺的恩賜，大好機會不能失去啊！」

黃權也提出嚴重警告：

「如果漢中陷入敵手，則三巴（巴東郡、巴西郡、巴郡）危險，這是砍掉我們益州的手臂啊！」

## 劉備進取漢中

公元二一七年（漢建安二十二年），劉備親自率領大軍，進軍漢中，屯兵於陽平關。另外派遣張飛、馬超、吳蘭三將，駐兵於下辨。

劉備初期的軍事行動並不順利，張飛、馬超這一路軍，被曹操派來迎戰的曹洪擊退。劉備這邊也沒能討好，陳式被徐晃打敗，劉備親自出擊張郃，也被張郃擋住；連連戰事失利，劉備急了，讓留守益州的諸葛亮火速發兵救援。

當時諸葛亮坐鎮成都，接到劉備的命令，一方面擔心，他人一走，成都會空虛；另一方面，劉備又催得很急。一時間遲疑難定，便找部屬楊洪拿主意。楊洪當機立斷勸道：

「漢中是益州咽喉，關係著我們的存亡；沒有漢中，就不會有巴蜀。這是家門口的禍事，應當即刻發兵，沒什麼好猶疑的。」

諸葛亮援軍一到漢中，劉備在優勢軍力下，雖然與曹軍呈現對峙之勢，但卻逐漸取得了主動優勢。

## 夏侯淵兵敗被殺

雙方僵持了一年多，劉備終於在夏侯淵兵敗身死後，掌握了決定性的主控權。

夏侯淵素來驍勇，雖然也頗有勝績，但性格蠻悍，經常恃勇爭戰。曹操曾為此特別告誡他：

「身為將領，應該也有怯懦的時候，不可只依靠勇猛作戰。原則上應以勇為根本，再配合智謀計策。如果一昧的憑藉勇猛，不過對付得了一個普通人而已。」

然而，對於曹操的訓誡，夏侯淵始終沒聽進去，依然逞強恃勇，最後因此吃了大虧，不但斷送自己的性命，還把曹操辛苦取得的漢中給丟了。

公元二一九年（漢建安二十四年），在法正的設計下，劉備從陽平關移師定軍山，藉機誘使夏侯淵出戰；夏侯淵不知是計，輕率應戰，被老將黃忠於陣中斬殺，曹軍大敗。

元帥敗亡，曹軍內部人心惶惶，曹營司馬郭淮出面收拾殘局，並當機立斷，主張由張郃接手領導指揮，人心才逐漸安定下來，雙方遂隔著漢水對陣。

## 郭淮以弱示強擋住劉備攻勢

沒多久，劉備趁勝引軍來攻，曹營諸將擔心眾寡懸殊，打算在漢水邊布陣迎戰；但郭淮認為，利用漢水做屏障，以此阻擋劉備過河，是一種示弱的打法。你一示弱，敵人就爭強，憑劉備的兵力，過河並不難；一旦讓劉備過了河，則曹軍絕難抵擋。所以，最好的方法是，遠離漢水列陣，擺開讓敵人過河來決戰的態勢；如果敵人真的過河，可以在渡河一半時展開攻擊；總之，就是讓劉備知道曹軍並不怕他才是上策。郭淮這招，正是兵法上的以弱示強，不能而示之能。劉備一看曹軍剛敗，不但不怯戰，反而要讓他過河決戰，懷疑曹軍有埋伏，反而不過河了；劉備不過河，曹軍也不再退，雙方又呈對峙之勢。

另一方面，早在夏侯淵敗死之前，曹操就親自領兵來支援，還沒到，夏侯淵已經兵敗身死。

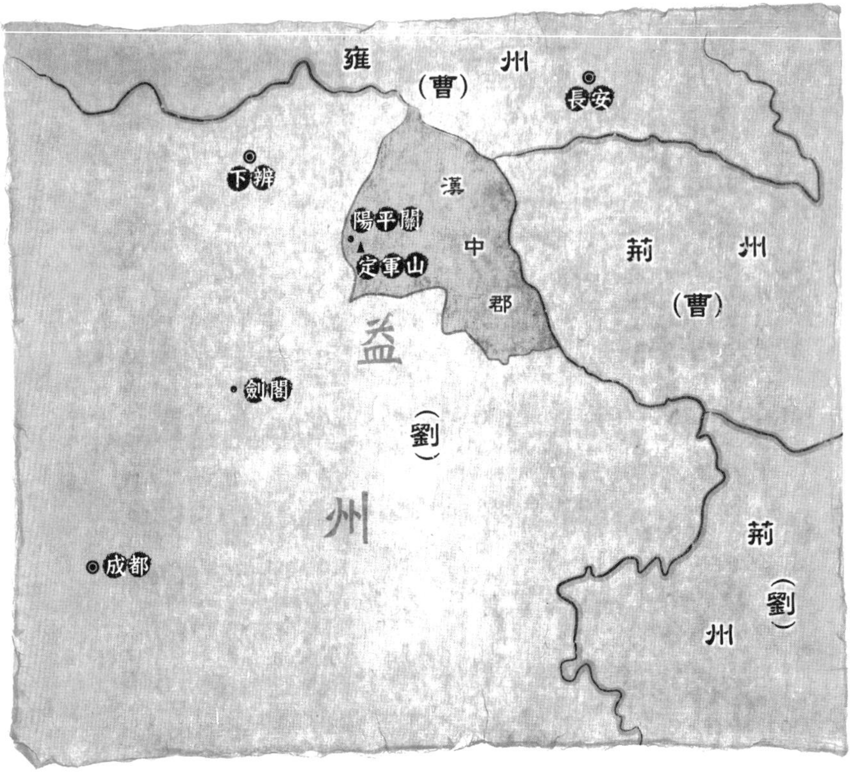


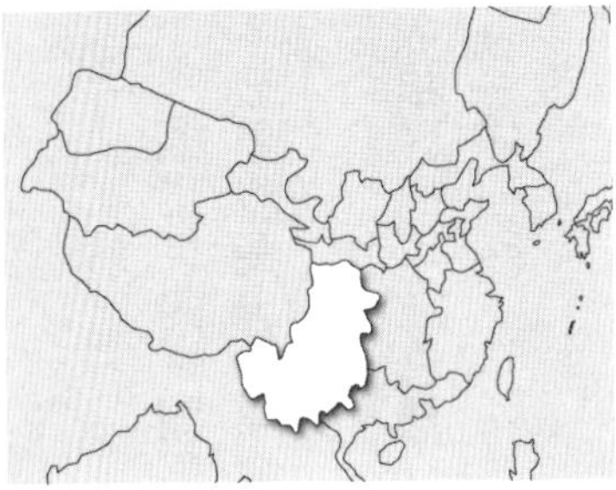

## 漢中爭奪戰

從長安進入益州最佳的道路，就是走漢中，有鑑於此，曹操特別早一步，搶在劉備之前，攻取了漢中。

劉備深知漢中對益州的重要性，自然不肯善罷干休，於是出動大軍，非得把漢中拿到手不可。

劉備進軍漢中，屯兵於陽平關，另派張飛、馬超駐兵於下辨。但劉備初期的軍事行動並不順利，數度被魏將擊退，劉備遂下令諸葛亮從成都領兵來支援。

雙方雖又僵持了一年多，劉備已逐漸取得優勢，最後，在法正的設計下，劉備從陽平關移師定軍山，誘使魏將夏侯淵出戰，結果，夏侯淵被老將黃忠斬殺。

曹操聽聞魏師敗績，親自領兵來救，但劉備已穩居優勢，曹操知道事已不可為，引兵退去，劉備終於取得了漢中。

劉軍自打敗夏侯淵後，聲勢大振，聽到曹操大軍將到，劉備很有自信地說：

「就算曹操親自來也沒用，漢中已是我的囊中物了。」

於是據險固守，以守代攻，準備打場持久戰，雙方又開始成僵持之勢。

## 趙子龍一身是膽

有一天，大將趙雲帶了幾十個人騎馬出營門巡視，尋找逾期未歸的老將黃忠部隊，路上突然碰到曹營大軍。即便身處絕對劣勢，趙雲不但不退，反而策馬縱身，衝向敵陣挑戰，且戰且走，魏兵一度被趙雲衝散，隨即復合追擊。趙雲退入營內，下令將營門打開，營內一片沉寂；曹軍怕有埋伏，不敢入營攻擊，於是掉頭回師。忽然間，趙雲陣營內雷鼓震天，矢如雨下，曹軍受到驚嚇，縱馬狂奔，自相殘踏，傷亡慘重。

第二天一早，劉備到趙雲營中巡視，對趙雲敢於以孤軍挑戰敵人，並重創曹軍，不禁讚歎：

「子龍一身都是膽也！」

就這樣，在雙方對峙了一個月後，曹軍士氣逐漸低落，很多士卒逃亡。曹操權衡形勢，知道漢中守不下去，便撤兵走了。

經過兩年的苦戰，劉備終於取得了漢中，真正完成了〈隆中對〉跨有荊、益的基本戰略目標；三國鼎立的最後一塊拼圖，也終於到位。這是劉備一生事業的最高峰，而狹義的三國時代也自此才算真正來臨了。

十六

# 從威震華夏到失荊州：

## 關羽 vs. 曹仁／呂蒙

關羽從事業顛峰到谷底的關鍵戰役

# 戰役一覽表

一、發生年代：公元二一九年（漢建安二十四年）。

二、戰爭原因：關羽突然出兵攻打魏屬荊北襄樊，一時威震華夏。孫權知道關羽大本營南郡空虛，遂派呂蒙從後突襲。

三、天下形勢：劉備攻取漢中，自稱漢中王，達到生平功業最高峰。曹操不願稱帝，寧為周文王。

四、雙方主將：關羽 vs. 曹仁／關羽 vs. 呂蒙。
關羽副將：傅士仁、麋芳。
曹仁副將：于禁、龐德、徐晃。
呂蒙副將：虞翻、陸遜、潘璋、朱然。

五、運用策略：關羽以優勢兵力壓制曹仁，威震華夏。呂蒙趨其所不意，以軟功瓦解關軍鬥志，破殺關羽。

六、造成影響：曹魏保住了荊北，孫吳據有大部分荊州，蜀漢國力由此轉衰，並為日後的夷陵大戰埋下伏筆。

諸葛亮在〈隆中對〉中的戰略布局是，先避開強大的曹操，全力取得荊州和益州，再聯合孫權。一旦曹魏內部有變，再兵分二路，一路從荊州，一路走益州北方的漢中，以鉗形攻勢進軍洛陽，如此，則「霸業可成，漢室可興」。

## 蜀漢以荊盛，以荊衰

事情的發展，也果如諸葛亮的設計，劉備終於取得了荊州五郡和益州，接著又順利拿下益州咽喉漢中。正當基本戰略雛形初現時，卻在這時候發生了關羽在荊州兵敗身死的悲劇；蜀漢不但折損了第一號戰將，更把好不容易得來的荊南要地給丟了。諸葛亮所設計的戰略布局也因此出現了大缺口，鉗形攻勢變成了單線攻擊，使未來諸葛亮的伐魏行動備為艱難。

事情還沒完，關羽敗死，徹底激怒了劉備；為了替關羽報仇，更為了奪回荊南三郡，他傾盡全國之力，親自率領大軍直撲東吳；結果這一次輸得更慘，十萬大軍被殺得全軍覆沒，蜀漢因而元氣大傷。

諸葛亮在他的千古名篇〈出師表〉中說：「今天下三分，益州疲弊，此誠危急存亡之秋也。」指的就是劉備攻吳慘敗後的蜀漢局勢。

三國，是中國歷史上人口最少的時代，整個神州大地，總共一千三百多萬人。最強大的魏國不過八百多萬，東吳只有三百五十多萬，蜀漢呢？一百五十萬。這麼小的人力，這麼單薄的資源，實在經不起折騰。然而關羽和劉備前後兩場敗仗，光兵員就損失了十幾萬，器物、輜重也全部有去無回，先天本就不足，後天又失調；如果這時候，曹魏或孫吳趁虛來攻，絕對是蜀漢的大災難。不過，還好曹魏沒遠見（這時曹操已死，曹丕當家），孫權識大體，知道脣亡則齒必寒；沒了蜀漢，憑東吳之力，將難以獨擋曹魏；遂不再窮追猛打，否則，三國演義就會變成魏吳春秋了！

## 關羽威震華夏

公元二一九年（漢建安二十四年），曹操與劉備的漢中爭奪戰失利，撤兵回師。這時，駐守在荊州南郡的關羽，趁這個曹操失意的當口，突然率領三萬大軍，猛撲樊城。樊城是曹魏在荊北的重鎮，一旦丟了，曹部重心許昌、洛陽將受威脅。而樊城兵力不足，曹操便派遣部將于禁援助樊城守將曹仁。

關羽的運氣不錯，本來兵力就大於曹仁；兵力優勢又加上大雨不斷——附近漢水暴漲，關羽趁勢張勢，以水攻打敗于禁，並斬殺了大將龐德；樊城被關羽包圍，陷入嚴重危機。消息傳出，不但附近的豪強如梁郟、陸渾響應，更有不少曹魏部將投降歸順，一時間，關羽威震華夏。

這是關羽一生事業的顛峰，但這個顛峰為期很短，因為終點站就在顛峰旁邊——一場他生平最大的災難已經等著他了。

## 曹操策動孫權反擊關羽

樊城危機讓一代梟雄的曹操都感到不安，他甚至打算遷都，以避開關羽的鋒頭；但部屬司馬懿和蔣濟給出了個主意，不但解了樊城之圍，也把關羽從雲端上狠狠地踹了下來！

司馬懿和蔣濟對曹操說：

「于禁之敗，非戰之罪，對國家並沒有太大的損失；劉備和孫權，表面合作，骨子裡暗鬥不已。關羽若得意，孫權一定不樂意，不妨派人去勸孫權偷襲江陵，並許他事成之後，把江南封給他；這一來，關羽怕江陵有失，將被迫回師來救，不但樊城之危可解，也可以坐看蜀、吳互鬥，一石兩鳥。」

江陵是南郡重鎮，江陵有失，南郡必危，關羽非救不可。曹操聽後大喜，立刻派出使者。

而孫權的反應，果然如司馬懿所預測般，馬上就同意了。

## 孫、劉之間的舊恨新仇

原來，孫權對劉備不但有舊恨，對關羽更有新仇。

赤壁大戰，出力最多的是孫權，但獲利最大的卻是劉備。不但撈到了荊州大半，讓孫權只得到一點零頭；而南郡還被劉備「借」走。歷史上，所謂「劉備借荊州」，指的就是這件事；既然是借，就有還的問題，但劉備老耍賴不還，把孫權氣個半死。後來，劉備雖然在現實壓力下，重新畫分荊州地界，把東邊幾個郡「分」給孫權，但南郡還牢牢捏在自己手上，孫權的不滿可想而知。

這還沒完，孫權曾邀劉備一起襲取益州，卻被劉備藉口州主劉璋和他同宗，不忍下手而婉拒；結果，劉備自己卻偷偷的把益州「整碗捧去」。孫權連吃了劉備的啞巴虧，心裡氣得要死，一直想找機會要回來。

關羽呢？更讓孫權一肚子火。

孫權曾為了交好關羽，派人向關羽提親，請他把女兒嫁過來當兒媳婦；以當時兩人的地位而言，關羽算是高攀。但關羽打心裡瞧不起孫權（事實上，除了劉備和諸葛亮之外，他從沒看誰上眼過），不但不領情，還對使者破口大罵：

「老虎女兒怎能嫁給狗兒子！」

簡直欺人太甚！是可忍，孰不可忍？在與曹操取得默契後，一場襲關大計於焉展開。

## 關羽外樹強敵，內種禍機

前有曹操，後有孫權，三國中的兩強同時把箭頭對準關羽；關羽陷身四伏的危機之中仍不自知；更糟的是，關羽在不自覺中，又為自己樹立了內敵。

從關羽處理孫權提親的態度，就可以知道，此君生性恃才傲物，盛氣凌人。關羽有兩個叫傅士仁、麋芳的手下，因為能力差，辦事又不力，老吃關羽的排頭。但關羽這次打樊城，卻又留下傅士仁守公安，麋芳守江陵；一方面防備東吳，一方面做後勤支援。

關羽在前方打仗，傅、麋二人的物資老供應不上，氣得關羽大罵：「這兩個混蛋，回來非要好好整治整治不可！」

傅、麋二人知道後，又氣又怕，心思開始動搖。

## 曹、孫聯手對付關羽

孫權的襲關行動，分二路進行。他一面寫了封信交曹操的使者帶回，信中表示願意為曹操效勞，並說明襲取江陵的計畫，請曹操保守祕密；一方面則派呂蒙主持軍事行動。

呂蒙一接到任命，便公開宣稱生病，把陸口守將的職務讓給屬下陸遜。

呂蒙的目的是要關羽放鬆戒備。陸遜當時既年輕又沒有知名度，關羽不會把他當回事；而呂蒙是東吳名將，關羽對他頗有戒心；所以雖然率兵攻荊北，卻在荊南留下重兵，目的就是防止呂蒙從背後偷襲。

陸遜雖年輕，但極富機謀權變；他一上任，就技術性地寫信給關羽，謙稱自己是個什麼都不懂的後輩書生，且素來仰慕關將軍的威名，請前輩多指教。關羽收到信後，放心不少，便把荊南的大部分兵力調到樊城；這一來，荊南防務由實轉虛。

陸遜一看計畫得逞，立刻上報孫權；孫權見機不可失，馬上讓呂蒙出動直取江陵。

另一方面，當孫權的信一到，曹操立刻把孫權的行動透露給關羽；關羽開始猶豫起來，眼看樊城將下，而江陵卻陷入危機；對於續攻樊城或回師救江陵，陷入兩難。

知道孫權將由後方展開攻擊，樊城士氣大振。沒多久，曹操派來的徐晃援軍也已來到，城裡、城外反而對關羽形成合圍之勢，樊城已逐漸轉危為安了。

呂蒙軍一到潯陽，便把精兵藏在船艙，讓軍士做成商人打扮，日夜趕路，直奔江陵。一路上，俘虜了所有關軍江邊守衛；而關羽對呂蒙的行動，竟一無所知。

呂蒙一面向江陵前進，一面派虞翻到公安勸降傅士仁；傅士仁早就對關羽不滿，立刻投降；麋芳看到傅士仁投降，也跟著打開城門迎呂蒙。

關羽得知南郡（江陵、公安均屬南郡）有失，又兵敗於徐晃，不得不撤兵回師來救，樊城危機宣告解除。

## 關羽回師敗走麥城

值得一提的是，關羽撤退時，曹操特別下令給樊城守將曹仁，不可追擊關羽。這個命令，充分顯示出曹操真是個厲害角色；他知道關羽必敗，卻要讓孫權獨自承當劉備的仇怨，藉此製造孫、劉間的矛盾，破壞兩國間的同盟；進而相互攻殺，自己隔山觀虎鬥，坐收漁利。

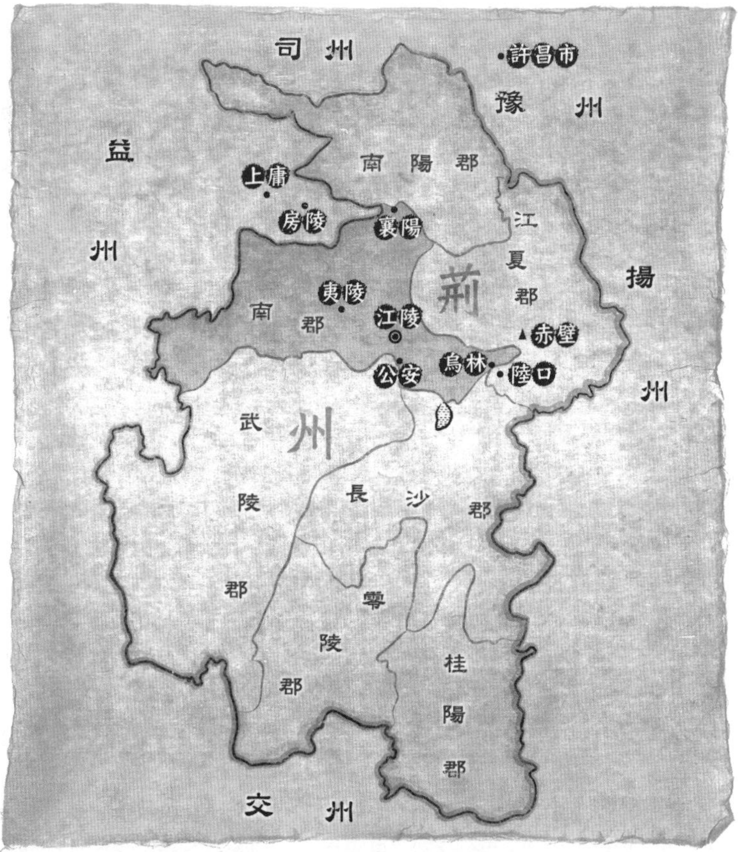


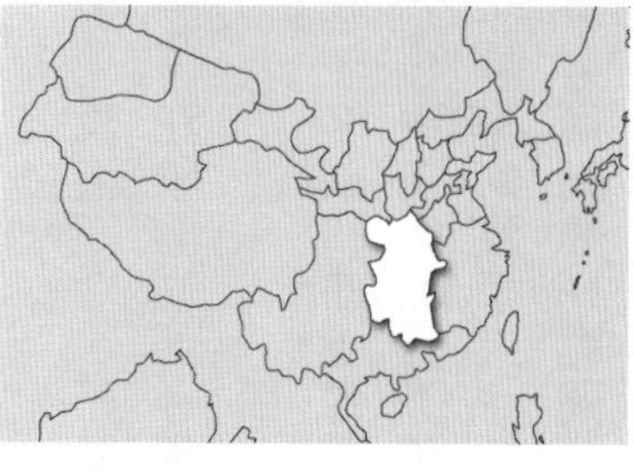

## 從威震華夏到失荊州

這是公元二一九年（漢建安二十四年）的荊州全圖。最上的南陽郡屬曹操，右邊的江夏、長沙、桂陽三郡屬孫權；左邊的南郡、零陵、武陵則屬劉備。

當時，是劉備他一生功業的最高峰，不但據有整個益州與半個荊州，還有南郡上方的上庸、新城一帶，爲了打通往曹操大本營許昌的通道，他下令節制劉屬荊州、駐守於南郡的關羽，北攻南陽郡的樊城。

關羽初期的軍事行動很順利，擒于禁、斬龐德，襄樊陷入了隨時會淪陷的危機。曹操發現苗頭不對，立刻與孫權聯手，東吳大將呂蒙由陸口悄悄地走水路北上襲擊南郡，公安與江陵守將不戰而降。

另一方面，關羽在襄樊被曹操大將徐晃打敗，聽到呂蒙從後偷襲南郡得手，被迫回師來救。呂蒙運用智謀孤立關羽，關羽勢孤力窮，向駐守於北方上庸的孟達與房陵的劉封求援不成，在麥城附近被東吳擒殺。

呂蒙一進入江陵，立刻使了一個絕妙高招，不但不殺不掠，反而下令，不許妄取民間的一針一線；非但如此，還對關羽及將士家屬盡力撫慰，江陵的局面，很快便安定下來。

關羽一面回師，一面派人責問呂蒙違背蜀吳同盟。呂蒙毫不多說，不但厚待使者，還讓使者自由在城中到處詢問訪談；當將士們知道家屬不但平安，而且還獲得呂蒙加倍優待時，登時鬥志全失；為了怕關羽強迫他們強攻江陵，傷及家人，紛紛展開逃亡，關羽頓時陷入孤家寡人的困境，無奈之餘，只有帶著僅剩的一點殘兵，退守麥城。

這時候，關羽唯一的希望，就是呼叫駐守在上庸的孟達與房陵的劉封來救，但二人均以「山郡初附，未可動搖」為由拒絕了。關羽求援不成，只好困守麥城。

孫權派人招降，關羽口頭應允，私下卻製作了一堆假人樹立在城上，偷偷出城逃走，僅存的一小撮士卒不願陪關羽玩命，紛紛離散，最後，身邊只剩十幾人。孫權知道關羽詐降，立刻派朱然、潘璋堵住逃路，將他擒斬，劉屬荊州，終於落入東吳之手。

關羽兵敗身亡後，隨即引發一連串連鎖效應；孫、劉同盟破裂；夷陵大戰，劉備慘敗。最重要的一點是，蜀漢開始由盛轉衰，迫使諸葛亮為了力挽狂瀾，鞠躬盡瘁而死，關羽地下有知，或許會後悔當初的莽撞吧！

十七

# 夷陵之戰：

## 劉備 vs. 陸遜

## 劉備之死與蜀漢轉弱的關鍵之役

# 戰役一覽表

一、發生年代：公元二二一年（魏黃初二年）。

二、戰爭原因：劉備爲報關羽被殺之仇，並奪回荊州，親率十萬大軍攻吳。

三、天下形勢：曹丕代漢稱帝進入第二年。孫權向曹魏奉表稱臣。劉備稱帝一年，以諸葛亮爲丞相。張飛在蜀漢出兵前，爲部下殺害。

四、雙方主將：劉備 vs. 陸遜。
劉備副將：吳班、馮習、張南、杜路、劉寧。
陸遜副將：朱然、潘璋、韓當、徐盛、孫桓。

五、運用策略：陸遜採誘敵深入，堅壁不戰之策，待敵人求戰不得，軍心怠惰之際，突然以火攻突破劉軍數百里連營防線，再縱兵奮擊，因而大破劉備。

六、造成影響：蜀漢由此國力大衰，北進中原、興復漢室的夢想，從此更加艱難。

關羽在麥城兵敗被殺又失荊州；對劉備而言，於私於公，這個仇都不能不報。

## 關羽敗死引發的效應

論私，關羽和劉備是好哥兒們。老弟被殺，老哥自然不可能毫不吭氣，議罪處罰，第一號「戰犯」就是當時駐守上庸，卻不肯發兵搭救的孟達。在劉備怪罪的壓力下，孟達為了自保，叛蜀投魏。

第二號就是劉封。劉封雖是劉備養子，但在劉備心目中，還不及關羽的一根指頭，因為和孟達一起坐視關羽的危機，劉備令他自殺。

論公，荊州是費了很大的勁才拿到手的，也是諸葛亮〈隆中對〉裡的戰略要地。失去了荊州，等於南方門戶洞開，不但無法形成南北雙線（荊州與漢中）同時出擊曹魏的鉗形攻勢，還得飽受東南方孫權的威脅；這一來，蜀漢將困守於西南的益州，手腳難以伸張了。

劉備攻吳的意志雖堅決，但朝中反對者頗有人在。諸葛亮很了解劉備，知道根本勸不了；但他更了解形勢，畢竟他是「跨有荊、益」，伺機以取曹魏大戰略的原創者。荊州實在不能丟，更丟不起；一時陷入兩難，只能悶聲不吭。

倒是老將趙雲說話了：

「我們真正的大敵是曹魏，不是孫吳。只要能打垮曹魏，孫權就能不戰而屈之。現在，您放開主要的敵人，攻打次要的敵人，實在不宜。更何況，兵凶戰危，一旦打起來，茲事體大，不是一下子就能完的，陛下應該謹慎啊！」

然而，即便發話的是幾十年情誼且忠心耿耿的趙雲，劉備也聽不進去；不但不聽，還不肯帶趙雲同行，只讓他在江州鎮守。

## 陣前折將張飛暴卒

大軍出發前，忽聞張飛營中有急報傳來，劉備失聲驚呼：

「唉！益德死了！」

張飛和關羽，都是當世猛將。但二人雖然是哥倆好，性格卻大異其趣；關羽「善待士卒而驕於士大夫」，張飛則「愛敬君子而不恤小人」；最後，二人都因為「驕」與「不恤」而橫死。張飛的脾氣本來就暴躁，大概關羽死了，心情更是不好；他平常就喜歡鞭打士卒，這下更是變本加厲；而打了人又不加注意，終於被常挨打的部將范彊、張達趁著酒醉熟睡時，砍下腦袋，投降東吳了。

## 有兵無將草草出師

蜀漢人才本來就少，一下子去掉兩員悍將，又不肯重用趙雲，只能把二、三線的吳班、馮習調做先鋒。加上法正已死，諸葛亮又得留守益州，陣中又少了能運籌帷幄、臨機決策的軍師。最重要的是，劉備素不知兵，一生敗多勝少，雖然兵眾不少，但以這樣的陣容，去遠征名將迭出的東吳，可真是一項艱難的任務啊！

孫權方面，倒頗知機識大體，當初之所以打關羽，最主要的目的是為了奪回荊州要地，以免頭上老是有把刀在晃啊晃的；現在目的已達，倒是不妨和劉備講和，以免兩強相鬥，造成兩敗俱傷，讓曹魏坐收漁利。

然而，這時候的劉備怎會聽得下他的求和之請，當然是盛怒拒絕。

公元二二一年（魏黃初二年），劉備親自率領十萬大軍，浩浩蕩蕩地殺向東吳。

孫權知道，求和不成，勢必一戰，一面派出大將陸遜領軍五萬迎敵，一方面派出使者向魏帝曹丕奉上降表。

## 孫權以稱臣穩住曹魏

這已是孫權第二次向曹魏稱臣了。第一次是兩年前打關羽時，怕曹操趁虛偷襲。這一次的目的亦復如此，只是情況更險峻而已；因為劉備是空國而來，以東吳之力，倒不難應付，怕的是曹魏又從背後踹上一大腳，那孫權肯定吃不了兜著走了。

曹魏大臣劉曄倒是看出了機會，力勸曹丕趁勢連劉攻孫，趁機把東吳拿下來。但曹丕還在「過老大癮」的興頭上，覺得「伸手打笑臉人」不合於情理，否決了劉曄的建議；孫權所擔心的腹背受敵危機，因而解除了。

從謀略的角度來看，孫權確是個厲害角色。他能從現實局勢著眼，避免「羅虛名而處實禍」；必要時裝狗熊，絕不輕易怒而興師，慍而致戰；因而連曹操都如此讚美他：「生子當如孫仲謀」。就這幾點來看，他能稱霸江東，鼎足於三國，也就不足為奇了！

## 陸遜 vs. 劉備

劉備來勢洶洶，兵鋒甚銳，深知兵機的陸遜當然「避其銳氣」，不願與其硬拚。他採取的是「擊其惰歸」戰術；任憑敵人孤軍深入幾百里，甚至從巫峽到夷陵，沿江設置數十座營壘，就硬是按兵不動，伺機等待敵人氣勢衰竭的最佳戰機。

陸遜部將們早就摩好拳頭，擦妥手掌，準備和劉備大幹一場。等了半天，卻看到主帥封閉營壘，硬是裝孬，不肯出戰。加上陸遜年輕、資歷淺，大夥兒心中更是不服；慢慢地，便開始口出怨言，不服調遣。

陸遜看看情勢不妙，召集諸將，以手按劍說道：

「劉備是聞名天下的人物，連曹操都對他有所忌憚，他現在強勢壓境，是我們的大敵，諸位都深受國恩，理當同心協力，共滅強敵，以報答國家，結果弄成這般不合不順，實在說不過去。我雖然是個書生，但奉有主上之命，國家之所以委屈大家聽我調遣，是因為我能忍辱負重這麼點優點的緣故；我們大家各盡責任，誰又能推辭？但軍令如山，不可以違犯！」

看到陸遜板起臉來，諸將從此不敢再多說，乖乖聽候調遣。

事實上，不但部將不服陸遜，連劉備也不把他當回事。劉備看到陸遜老不肯出戰，以為陸遜怕他，便設下一計，派吳班到陸營挑戰，暗地裡在山谷中埋伏八千精兵，試圖讓陸遜出擊，再引到山谷中加以殲滅。陸遜看透了劉備的詭計，理都不理。

## 陸遜避銳擊惰

劉備求戰不能戰，就這樣和陸遜相持了七、八個月，將士們每天無所事事，軍心逐漸怠惰。這時，陸遜卻召集將領們準備展開攻擊，但將領們都認為，攻打劉備，一開始就該進行；現敵人已深入國境五、六百里，時間也過了半年多，要害都有堅強守備，現在恐怕討不了好了。

但陸遜不以為然：

「劉備是奸猾狡詐之徒，閱歷更是豐富無比；他來攻之初，因為全力備戰，所以思慮極精密，比較不容易找到破綻。現在時間久了，拿我們毫無辦法，將士身體疲憊，鬥志消退，再也使不出什麼招數，攻滅他的最佳時機已經來了。」

說完，便派出部隊試探性地打了一下，雖然遭到小挫，但陸遜卻宣稱，已找到破敵之道了。

## 火攻劉備

原來，陸遜在攻擊中發現，劉備把十萬大軍，分開紮營布列，連營達數百里，

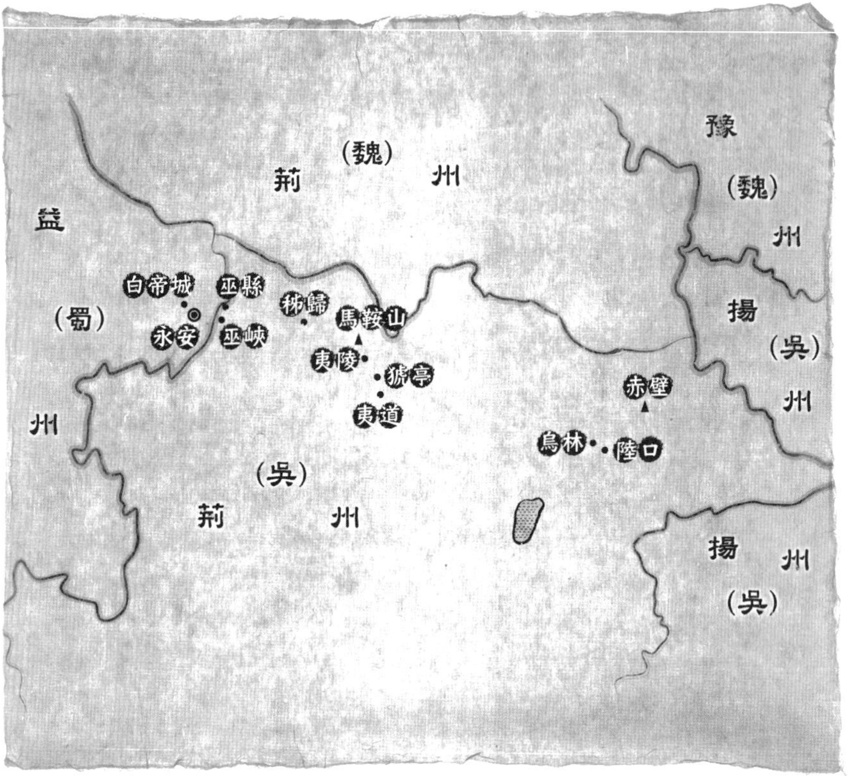


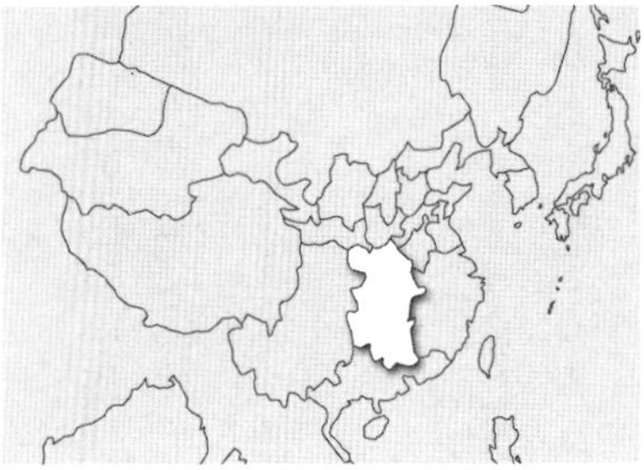

## 夷陵之戰

劉備親率十萬大軍攻吳，在巫峽、秭歸到夷陵，數百里之間，布下數十個營壘，戰力因而分散。

東吳大將陸遜，聽任劉備深入吳境數百里，堅壁不戰達七、八個月，待劉備將士逐漸疲倦，忽然以火攻突襲，蜀軍大敗，劉備逃至馬鞍山陳兵自守，又被陸遜擊敗，劉備趁夜遁逃，幾乎以孤身逃入白帝城，沒多久，就病死了。

極適合採火攻。這招果然奏效，霎時間，蜀營烽火連天；陸遜見機，下令全力攻擊。蜀漢大將張南、馮習及胡王沙摩柯被斬殺。杜路、劉寧被迫投降，蜀軍全線崩潰，死者以萬計。劉備帶了小部分人馬登上馬鞍山，打算固守待變，卻被吳軍全面包圍。劉備沒辦法了，趁半夜時，冒死突圍，最後，才勉強逃入白帝城，但所有人馬及輜重，已全部付諸東流。劉備回想出兵時的志在必得，現在卻兵敗山倒，不禁歎息道：

「沒想到我竟慘敗在陸遜這小子手上，這難道是天意嗎？」

劉備死到臨頭還不會自我檢討，以為是老天爺不肯眷顧他；事實上，他不但不了解自己的局限，更不了解陸遜的能耐，難怪他非輸不可了！

## 陸遜的大識見與大格局

劉備初來攻時，碰上東吳前鋒軍孫桓；劉備仗著兵多，把孫桓困在夷道。孫桓向陸遜求救，陸遜硬是不動，將領們紛紛勸陸遜：

「孫將軍是宗室成員，現在遭到危機，您為何不肯派兵幫他解圍呢？」

陸遜回答：

「孫將軍很受將士愛戴，而且夷道城牆堅固，糧食又充足，沒什麼好擔心的；等我施展取敵大計時，孫將軍就解圍了！」

等蜀軍一破，孫桓自然也就轉危為安了！

陸遜的見識與格局還不只是這樣。在劉備逃入白帝城時，部將徐盛、潘璋、宋謙等紛紛請求乘勝追擊。事實上，以當時的情勢而言，不但劉備可擒，且蜀國亦或可滅。但陸遜卻從更大的角度看出了大問題：

一、如果趁機攻取蜀漢，曹魏一定趁虛打東吳，結果弄成前門擊狼，卻招來後門虎侵，那東吳可就危險了。

二、蜀漢加上東吳的力量，還遠不及曹魏，就算曹魏不來攻，但從此由東吳獨立對抗曹魏，那麻煩更大。

三、基於上述兩大考慮，還不如保存蜀漢，維持一個三角恐怖平衡，對東吳最有利。

陸遜思慮妥當，不但不追打，還上書給吳主孫權，詳細說明利害關係；孫權也覺得陸遜考慮的極為周詳，同意他撤兵。一場夷陵大戰，最後便以劉備慘敗告終。

陸遜撤退後，本來不想趁機偷襲的曹丕，卻又突然改變主意，出動大軍來攻；這也證明了陸遜的推斷、決策完全正確。

夷陵慘敗後第二年，劉備終因憤懣而死。臨死前在永安託孤於諸葛亮；蜀漢雖國力大衰，卻從此進入諸葛亮時代，又把三國導入另一番局面。

十八

# 新城之戰：

## 司馬懿 VS. 孟達

## 一場致人而不致於人的好戰

# 戰役一覽表

一、發生年代：公元二二七年（魏太和元年）。

二、戰爭原因：魏文帝曹丕死，新城太守孟達心不自安，乃與蜀、吳交通，企圖反魏，司馬懿率兵討伐。

三、天下形勢：諸葛亮率軍出屯漢中，將圖中原。

四、雙方主將：司馬懿 vs. 孟達。

五、運用策略：司馬懿抱持兵貴神速的原則，避實擊虛，以己之強攻敵之弱，迅速解決了孟達。

六、造成影響：魏國守住荆州新城郡不失，抑止了蜀漢勢力向西的發展。

魏國新城太守孟達，最早是益州牧劉璋的部將。劉備取得益州後，孟達歸順劉備；劉備不怎麼信任孟達，派了親信養子劉封盯住他。

## 孟達叛蜀投魏

劉備攻取漢中後，關羽接著在荊州對曹魏的樊城與襄陽展開攻勢；剛開始很順利，擒于禁、斬龐德；不料，東吳卻趁機自後突襲，關羽抵擋不住，向孟達討救兵，孟達沒有理會，關羽終於兵敗被殺。

孟達不肯出兵救關羽，讓劉備很惱火；加上劉封老壓制他，連他手下的兵員也被劉封奪走；孟達又氣又怕，寫了封告白信給劉備，轉投了魏國。

魏帝曹丕看孟達儀表出眾，口才便給，對他很寵愛，魏國眾臣因而對孟達很吃味，然而曹丕不但不理會，還讓孟達當了荊州新城太守。

## 孟達反覆又想投蜀

幾年後，曹丕歸了天，幾個和孟達交情不錯的大臣桓階、夏侯尚也先後死去，加上素來和孟達很不對盤的申耽、申儀兄弟老打孟達有二心的小報告；孟達覺得自己處境危險，盤計著再回頭降蜀，便分頭向蜀、吳連絡，以為奧援。

孟達的性格反覆投機，一反劉璋，二反劉備，現在又要三反曹魏，諸葛亮很討厭他。收到孟達的消息後，便趁機大作文章，反正只要孟達真動起來，一定和魏國有番爭鬥；不管孟達成功與否，蜀國都是贏家。於是諸葛亮一面回信籠絡，一面暗中派部屬郭模到魏國假裝投降，郭模在路途中故意把孟達的事透露給申儀；申儀本來就一直認定孟達要反叛，立刻向朝廷呈報。魏明帝一面讓司馬懿派人調查，一面下令孟達到朝廷報告；孟達感到苗頭不對，決定起事。這時，他還打著如意算盤，他最害怕的司馬懿當時駐守在宛城，宛城距魏都洛陽八百里，距新城則有四百里，從洛陽到上庸，共一千兩百里，行軍時間加上派兵的行政手續，估計要一個月，足夠他做充分的準備了。不僅如此，他還認為，新城地勢深險，司馬懿年紀大了，不可能親自領軍；除了司馬懿，他誰也不怕，所以，事情大有可為。

然而，孟達高估了自己，低估了司馬懿了。

## 司馬懿以快信「穩住」孟達

司馬懿是何等人物！早把孟達的小把戲看透。為了先「穩住」孟達，替朝廷爭取時間，以便先發制人，給孟達來個措手不及。司馬懿便寫了封快信給孟達：

「將軍當年離開劉備，投效國家，國家不但沒辜負你，還委託將軍以圖取蜀地大事，這是人人都知道的事。蜀人昧於事實，非常痛恨將軍，尤其諸葛亮早想破壞您與朝廷的關係，只是找不到機會。現在，郭模說您要造反，這可不是件小事，要不然，以諸葛亮的地位與聰明，怎麼會輕易洩露；諸葛亮對你根本沒誠心，這是很容易看透的事啊！」

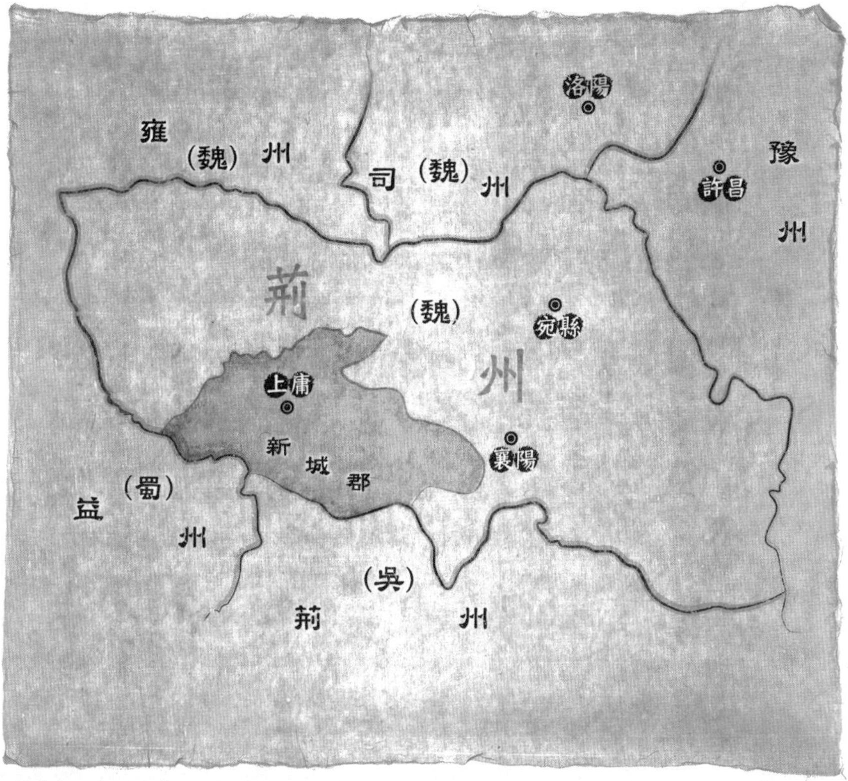


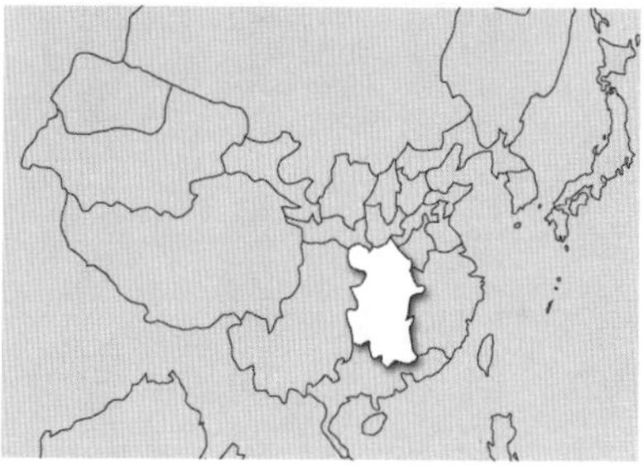

## 新城之戰

魏新城太守孟達，打算叛魏降蜀，心中打了個如意算盤：他最怕的是駐守於宛城的司馬懿，但宛城距他所在的上庸四百里，從宛城到魏都洛陽則有八百里，他估計曹魏發兵的行動手續與行軍時間，總共得一個月時間，足夠他充分準備。

但他低估了司馬懿，因爲司馬懿不但看穿了他的詭計，而且八天内就親自帶兵殺到上庸城下。

司馬懿一到上庸，就下令不計代價強攻，只花了十六天時間，就擒斬了孟達。

司馬懿講得入情入理，孟達看了，心情一鬆，認為朝廷還沒認真，對於確定的起事日期又開始舉棋不定。

事實上，司馬懿是雙箭齊發，一方面寫信，一方面調動軍隊，準備開向新城。

## 出其所不趨，趨其所不意

軍隊出發前，部將們都勸司馬懿先觀察一下孟達與蜀、吳之間的互動再做定奪，但司馬懿的態度非常堅定：

「孟達素來不講信義，蜀、吳對他一定會有所疑慮，一定要趁他們還沒有商量妥當前，給他來個出其不意。」

於是兵分三路，其中二路軍分別負責擋住可能的蜀、吳援軍。自己則親率主力，悄悄地日夜趕路，只花了八天時間，便兵臨新城城下，比孟達原先設想的整整早了二十二天，把孟達嚇了一大跳。

然而，出乎孟達意料之外的，還不只這些；魏軍一到，根本還沒休息，司馬懿便下令不計代價攻城。所謂「以勞對逸，最下攻城」，魏軍攻勢一波波，傷亡極重；司馬懿不但不肯暫停休整，反而加派兵力強攻。

事實上，司馬懿早就把情勢摸得一清二楚，敵我虛實全在他的掌握中了。

相對而言，孟達兵力雖少，但糧秣充足，足足可以撐上一年；魏軍正好相反，兵力是孟達的四倍，但糧少，只能支持一個月。所以，若打長久消耗戰，魏軍是一比十的劣勢；若打速決戰，則是四比一的優勢。算盤隨便一打，當然避開一比十的劣勢，採取四比一的優勢了。

魏軍整整強攻了十六天，孟達逐漸支撐不住；孟達外甥鄧賢、部將李輔禁不起司馬懿招降的誘惑，偷偷打開城門；司馬懿進入新城，砍下孟達腦袋，叛亂平息。

十九

# 街亭之戰：

## 張郃 VS.馬謖

## 諸葛亮揮淚斬馬謖

# 戰役一覽表

一、發生年代：公元二二八年（魏太和二年）。

二、戰爭原因：蜀漢丞相諸葛亮爲了實踐〈隆中對〉與復漢室的終極目標，第一度出師北伐。

三、天下形勢：司馬懿平定孟達之亂。陸遜大破來犯的魏將曹休。姜維降蜀。

四、雙方主將：張郃 vs. 馬謖。馬謖副將：王平。

五、運用策略：張郃發現先到的馬謖竟不入據街亭，反而駐屯附近的南山高地，遂將蜀軍包圍，並斷其水道，蜀軍因缺水突圍，被張郃擊潰，街亭遂爲張郃所奪取。

六、造成影響：諸葛亮第一次北伐失敗，損耗了不少人力資源，對蜀漢形成沉重負擔。

所有讀過羅貫中《三國演義》的人都知道，有所謂諸葛亮「六出祁山」，其實這話大有問題，更與史實不符。

## 六出祁山的謬誤

所謂「六出」，表示諸葛亮六次主動出擊曹魏。事實上，並沒有六出，而只有五出。因為第四次「出」的是曹魏，由大將軍曹真領軍，與張郃、司馬懿兵分三路南征蜀漢。諸葛亮則是被動的「出」兵迎戰，是防守的一方，所以，此「出」非彼「出」。

六出剩下五出，但即便五出，也不是每次都走祁山；真正出祁山的只有兩次，分別是第一次及第五次，其餘三次和祁山並沒有太直接的關係。

歷史事實顯示，諸葛亮「六出祁山」，主要目的是伐魏，進而滅魏；但卻沒有一次成功，否則歷史早改寫了。話說回來，既然諸葛亮每次行動都無功而返，為什麼又屢「出」呢？

這話說來長了，這裡就長話短說吧！

## 諸葛亮何以五伐曹魏

一、實踐戰略終極目標。

諸葛亮在〈隆中對〉裡講得很清楚，先取得荊、益二州做基礎，再聯合東吳孫權，伺機北伐曹魏，興復漢室。

二、報答劉備的知遇之恩。

劉備和諸葛亮之間的君臣遇合，歷史上少有。劉備在公元二二一年（魏黃初二年）伐東吳慘敗於夷陵之後，懷著未能興漢的遺恨死去；諸葛亮為了回報劉備的知遇之恩，非要幫他完成遺志不可。

三、以攻代守的戰略考慮。

魏、蜀國力懸殊，差距為十比一。魏國占據已開發的中原要地，相對而言，幅員廣，人才多。蜀國正好相反，位處邊陲，雖據有益州，但有效統治範圍，只有一半的益北，因為益南大多為尚未歸服的夷族，在三國中，地最小人最少。時間拖愈久，差距將愈拉愈大。非但如此，就算蜀不攻魏，魏終究要攻蜀；與其等著挨打，不如先開打。

## 進駐漢中，誓師伐魏

公元二二五年（魏黃初六年），諸葛亮平定了南中之亂【註】，基本上解決了內憂問題，遂於兩年後率領大軍進駐漢中，準備北伐。

漢中位於益州東北部，是蜀漢進入關中乃至於魏都洛陽最重要的門戶。蜀漢若想攻曹魏，漢中是最佳途徑。因為漢中和中國北部和東部之間隔了個荊州，荊州北

註 所謂南中，指的是益州巴郡、蜀郡以南地區。居民大都為夷族，性格強悍，素不受蜀漢節制。
劉備死後，南中大姓雍闓、高定、孟獲起事反蜀。諸葛亮考慮到要北伐中原，一定得先鞏固後方，遂提師南下，擒斬雍闓、高定，並「七擒七縱」孟獲，孟獲被諸葛亮折服，誓言不再反，南中遂安定下來。

部還在曹魏手上，中南部則早被孫吳奪走；現在，諸葛亮把軍隊調到鄰魏境的漢中來，意義當然很明顯——絕非向東走荊州，而是由北走雍州進攻曹魏，再東進長安，乃至於進逼洛陽，一場蜀魏大戰已蓄勢待發矣！

諸葛亮進駐漢中，即上表給後主劉禪，這份表，也就是流傳千古的〈出師表〉；明確表達過伐魏之意後，隨即率軍進入雍州。

## 魏延上襲長安奇計，諸葛亮不納

諸葛亮手下大將魏延，為了立奇功，上了一道「奇計」：

「給我一萬精兵，挑捷徑走，十天可到長安，長安守將夏侯楙懦弱無能，兵又少，一定會棄城逃走。長安城中糧食豐富，等到魏國援軍趕到，大約要二十天。二十天時間，足夠您領大軍抵達長安；我們在長安會師後，咸陽以西就不難攻取了。」

魏延隨軍出征之前，擔任漢中太守，對於從漢中向東延伸到關中（長安一帶）的地理形勢極為熟悉。從地理上看，魏延的計策似有其道理，漢中離長安不算遠，長安再向東走，就是洛陽，一旦蜀軍能把洛陽以西拿下，就等於打掉了洛陽的屏障；這一來，兵臨洛陽，就不在遠了。

這個奇襲之計，有一定程度的可行性，但相對的風險也高；魏延能否順利抵達長安？夏侯楙是否一定會逃？魏國援軍何時會到？這些都是變數。如果魏延行程不順，中途受挫，就算諸葛亮如期抵長安，豈不孤軍深入，成了甕中之鱉？

## 聲東擊西之計

諸葛亮素來謹慎，更何況蜀漢國小力微，根本禁不起任何閃失；事實上，他另有計畫。

諸葛亮的打算是，兵分兩路，一路由趙雲和鄧芝領軍，先占據箕谷，假裝要攻郿縣，以吸引魏軍。他自己則率領主力出祁山，先取隴右，再前進關中，取長安；有機會的話，就直撲洛陽。

蜀漢兵勢一起，雍州的天水、南安、安定三郡首先叛魏響應，關中震動。曹魏立刻反應，由曹真領軍趨郿縣抵擋趙雲、鄧芝；另派張郃迎戰諸葛亮。

張郃是魏國名將，勇略兼備。諸葛亮不敢大意，決定選一個深通韜略的先鋒對陣；否則，張郃這一關若過不了，後面的計畫也就甭談了。

然而，這正是諸葛亮的痛處，三國中，蜀漢地最小，人最少，人才也最缺乏。以軍事人才來說，魏國名將如雲，人才從不匱乏；東吳呢？比起曹魏來，更不遑多讓，尤其第一流的將帥大才，從沒有斷層，最早有周瑜、呂蒙，繼而有陸遜、陸抗。而這時的蜀漢呢？最能廝殺的勇將中，關羽、張飛、馬超、黃忠早死，只剩趙雲，但趙雲年事已高，且已被派任疑兵，帳下很難再找得出幾個能獨當一面的人來。看來看去，似乎只有魏延與吳壹還上得了檯面，部屬們也都認為非這兩個人莫屬。

## 紙上兵家馬謖

出乎眾人意料的是，諸葛亮既不選魏也不擇吳，而是挑上了馬謖；這就注定了蜀漢第一次伐魏失敗的命運！

劉備生前就提醒過諸葛亮，馬謖言過其實，不可重用。但諸葛亮似乎不這麼想，在他的理解中，馬謖談起政治、軍事及謀略，不但有廣度，也有深度。印象最深的是，他在征南中時，馬謖建議他攻心為上，南人心服口服之餘，果然不復再反。這些經驗，讓諸葛亮拍板讓馬謖擔當迎戰張郃的重責大任。

馬謖誠然經綸滿腹，但從沒實戰經驗，而理論和實務完全是兩碼子事；理論一定得經過實務驗證，才能運用自如，發揮效應。馬謖的問題就在於食古不化，不知權變，終於種下了敗績。

孫子兵法主張居高臨下，以逸待勞，但這只是基本原則，不是絕對原則，一定要有一些主客觀條件配合才能奏功，而馬謖偏偏把基本原則當成絕對原則。

馬謖搶先到了會戰地街亭。按照命令，他應該據城固守。所謂守為主，攻為客，主易客難。諸葛亮是高人，當然知道這個仗該怎麼打才有利，但馬謖卻自做聰明，違背諸葛亮的節度，他不但不先入城據守，反而把大軍拉到附近南山高地上。副將王平雖然目不知書，但經歷過不少陣仗，經驗告訴他，馬謖這種打法很危險，力勸不可，但馬謖根本不聽。王平無奈之餘，只好自請領一千兵，駐紮山下待機。

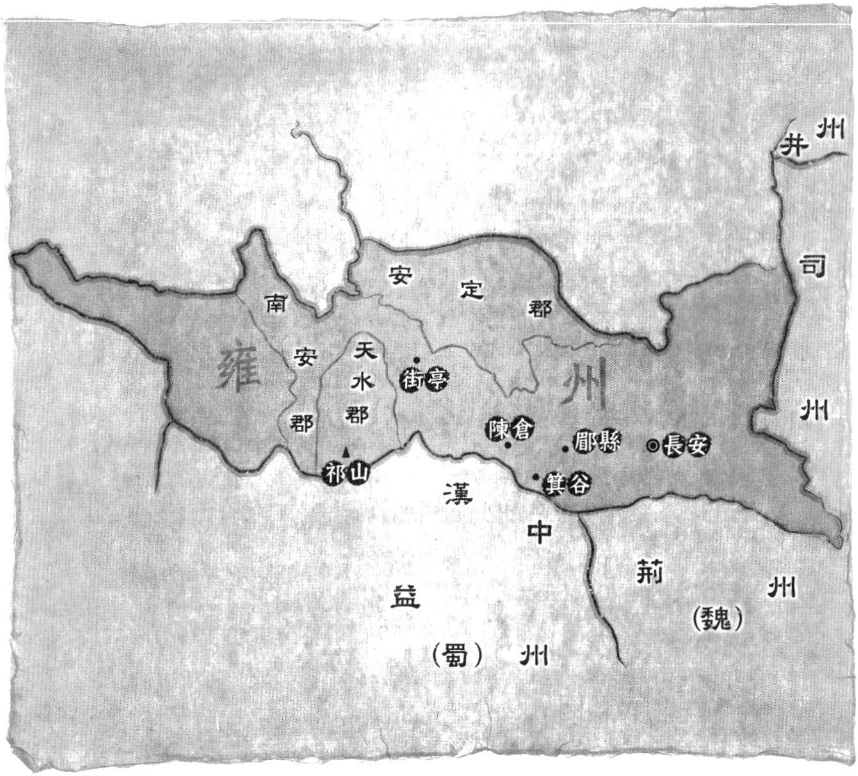


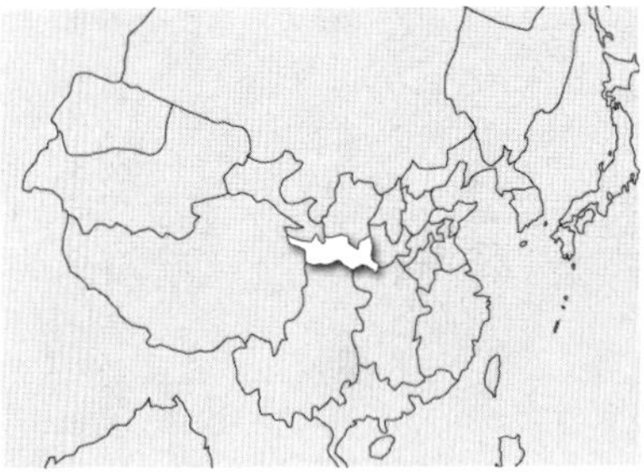

## 街亭之戰

諸葛亮第一次北伐，兵分二路，一路由趙雲和鄧芝領軍，從漢中北上，先進占箕谷，假裝要攻郿縣，藉以引開魏軍注意力。主力則由諸葛亮率領，從祁山進入魏境雍州，並派出馬謖領軍，搶占街亭。

諸葛亮大軍一入魏境，天水、南安、安定三郡，立刻響應，蜀軍一時聲勢大振。魏國立刻反應，由曹真領軍抵擋趙雲、鄧芝，張郃負責頂住諸葛亮。

張郃在街亭與馬謖展開決戰，馬謖大敗，街亭失守。另一方面，曹真也將趙雲、鄧芝擊退，並西進收復三郡，諸葛亮無奈，只好下令撤退。

## 張郃大破馬謖

張郃一到街亭，看到馬謖把自己「掛」在半空中，機不可失，立刻把馬謖包圍起來，然後切斷水源；蜀軍水源盡失，撐不了幾天，開始慌亂。打仗最要緊的就是節奏，沒有節奏，哪怕人再多，也發揮不了戰力。張郃一看蜀軍陣腳大亂，立刻縱兵進擊，馬謖領軍突圍不成，蜀軍頃刻離散，防線徹底崩潰。

山下的王平看到山上的蜀軍潰敗，立刻大肆擊鼓鳴金；張郃怕有伏兵，不敢趁勢追擊，王平方能慢慢地收拾殘兵，回到大本營。

馬謖在街亭慘敗，立刻引發效應，不但投降的三郡很快被奪回，趙、鄧這一路疑兵也被曹真追打；二路軍接連失利，眼看著張、曹二路大軍即將趁勝反攻了，諸葛亮不得不下達撤退令，蜀漢第一次北伐宣告失敗。

## 揮淚斬馬謖

諸葛亮回師漢中後，即展開戰後檢討，馬謖自然是第一號戰犯；諸葛亮下令將馬謖逮捕下獄。

拋開公事不談，諸葛亮和馬謖私底下交情極佳，他素來賞識馬謖，常與他共商大計，而馬謖對諸葛亮也極為尊敬。論年紀，兩人雖只相差七歲，但馬謖向來以父執輩服事諸葛亮；不過私歸私，公歸公，諸葛亮向來執法如山，雖然傷心，依然忍痛下達了馬謖的死刑令。

趙雲這一路軍的失利，其實非戰之罪，因為他只是個陪榜者；而且，雖然戰事失利，卻因趙雲親自斷後，處置得宜，終能全軍而退。諸葛亮認為趙雲的表現穩健，不但不重罰，還下令將被趙雲保全下來的物資分賞給將士，但趙雲反對：「軍事上沒有功績，沒什麼資格受賞。」

劉備生前就曾讚賞「子龍一身都是膽也」，事實上，趙雲不但有膽、有勇、有忠、有謀，更是蜀漢乃至於三國中最識大體、顧大局的名將之一。

## 獎賞王平

除了馬謖被斬之外，諸葛亮也依情節輕重，處分了一批將吏。整個戰役中，唯一受到獎賞的，只有王平。

王平力諫馬謖於先，以疑兵阻擋張郃於後，因而獲得升遷、封侯。

處分了部屬後，諸葛亮知道自己身為統帥，當然得負起最大責任，他素來賞罰分明，勇於負責，便上表自請處分。劉禪為了表示尊重，將他降了三等，代行丞相職權，把事情做了交代。

街亭戰役唯一的收穫，就是收降了姜維。諸葛亮死後，姜維統領蜀漢軍務，不但率領大軍抵抗曹魏，還多次主動出擊伐魏，是蜀漢後期支撐軍事防線最重要的人物。若不是姜維費心撐持，蜀漢不必等到公元二六三年（魏景元四年），就提早結束了！

二十

# 陳倉之戰：

## 諸葛亮 VS.郝昭

一千兵頂住十萬軍的以寡對衆之戰

# 戰役一覽表

一、發生年代：公元二二八年（魏太和二年）。

二、戰爭原因：曹魏大將曹休在石亭與孫吳大將陸遜展開大戰，諸葛亮認定曹魏一時難以南北兼顧，遂再度出師北伐。

三、天下形勢：與前「街亭之戰」相同。

四、雙方主將：諸葛亮vs.郝昭。

五、運用策略：郝昭臨機應變，數度瓦解了蜀軍攻勢，迫使蜀軍久攻不下而回師。

六、造成影響：諸葛亮第二次北伐失敗。

街亭戰役失利，部分將吏認為兵員太少，是失敗的主因，勸諸葛亮增加兵力。諸葛亮身為丞相，主宰國政已七年，蜀漢的底子，他比誰都清楚，一個總人口才一百多萬的國家，扣掉一半女人，減掉老弱，加上務農及必要留守丁壯，十萬大軍已是極限。此時若增兵，各方的平衡就會失序；這一來，百姓先倒楣，國家將遭殃，聰明如諸葛亮自然不會做這種傻事。何況，兵在精不在多，勝負在智不在力，便把部屬的建議否決了：

「我們上次伐魏的整體兵力，比敵人多，而之所以不能勝敵而為敵所乘，關鍵在統帥一人。現在，我不但不增兵，還打算減兵，嚴明賞罰，深自檢討，未來更知道通權達變；若這一點做不到，兵員再多，又有何用？從今以後，大家多為國盡忠盡力，細心督責我的過失，則破滅敵人、建功立業就不在遠了！」

於是獎勵有功將士，撫恤傷亡家屬，並一再承認自己的錯失；短短幾個月內，漸漸地又把軍心士氣提振了起來。

## 魏吳交兵，諸葛亮趁機再伐魏

沒多久，諸葛亮就接到曹魏和孫吳之間在石亭大戰的消息。

東吳鄱陽太守周魴詐降，曹魏大將曹休不知是計，領兵接應；魏軍一進入吳境，孫吳立刻派出大將陸遜迎敵。曹休發現上當，又急又氣，仗著自己有十萬兵馬，比陸遜的三萬足足三倍多，不但不退，反而和陸遜展開決戰；結果被陸遜打得大敗，曹休回師不久就病死了。

曹魏和孫吳在南方糾纏，關中一帶空虛，諸葛亮當然不會錯過機會，立刻出動大軍，展開第二次伐魏。距離第一次行動，不過幾個月而已。

鑑於上次出祁山失利，這一次，諸葛亮決定走散關，打算先取陳倉，再從陳倉趨關中。

然而，諸葛亮上次在街亭，算錯了馬謖，這一次則是少算了曹真與郝昭。

## 曹真的先見之明

曹真根據上次街亭之戰的經驗，認定諸葛亮還會來攻，但不會再出祁山、走街亭，而是出散關、走陳倉，於是派郝昭留守陳倉。郝昭立刻加強陳倉守備，嚴陣以待。

公元二二八年十二月（魏太和二年），諸葛亮率大軍從散關來到陳倉，蜀軍初次交戰小失利，於是諸葛亮派出郝昭的同鄉靳詳勸降。

事實上，曹真雖然認為諸葛亮會走陳倉，但並沒有多大把握，更不知道什麼時候會到；所以，並沒有給郝昭太多的兵力，陳倉兵員不過一千多人而已。

奇的是，郝昭雖然處於絕對弱勢，面對近百倍的諸葛亮大軍，卻絲毫不懼；對於同鄉的勸降，一口拒絕。

## 郝昭嚴辭拒降

諸葛亮不死心，又派靳詳二度出馬。這一次郝昭氣勢更高、態度更硬。他高站於城上，對老鄉高聲回應：

「上次已明白告訴過你了，最後一次警告，我雖認得你，但我的箭可不認得！」

諸葛亮沒辦法了，仗著人多勢眾，下令攻擊，滿以為憑藉絕對優勢兵力，魏軍一時間也來不及救援，陳倉將不日可下。

我們回顧歷史，就可發現，以諸葛亮的才智，竟鞠躬盡瘁而終不能滅魏興漢，從郝昭身上，就可略知端倪——魏國人才實在太多了！

## 陳倉屢攻不破，諸葛退兵

郝昭在陳壽的《三國志》中，並沒能掛上號——沒有立傳。在三國時代，乃至於魏史都不算是一號人物。但隨便一個魏將，且只有一千多兵，居然連諸葛亮的數萬大軍，都拿他沒轍！

諸葛亮用盡各種方法，就是攻不破陳倉防線。蜀軍以雲梯攻城，郝昭用火箭燒毀雲梯；蜀軍用折衝車撞城門，郝昭從城上丟下石磨；地面攻擊不奏效，蜀軍改走地下，試圖挖地道突破，又被郝昭中途橫截……。就這樣，日夜搶攻了二十幾天，陳倉依然不動如山。

到後來，諸葛亮沒辦法了，眼看糧食將盡，而且魏國援軍也隨時會到；屆時，

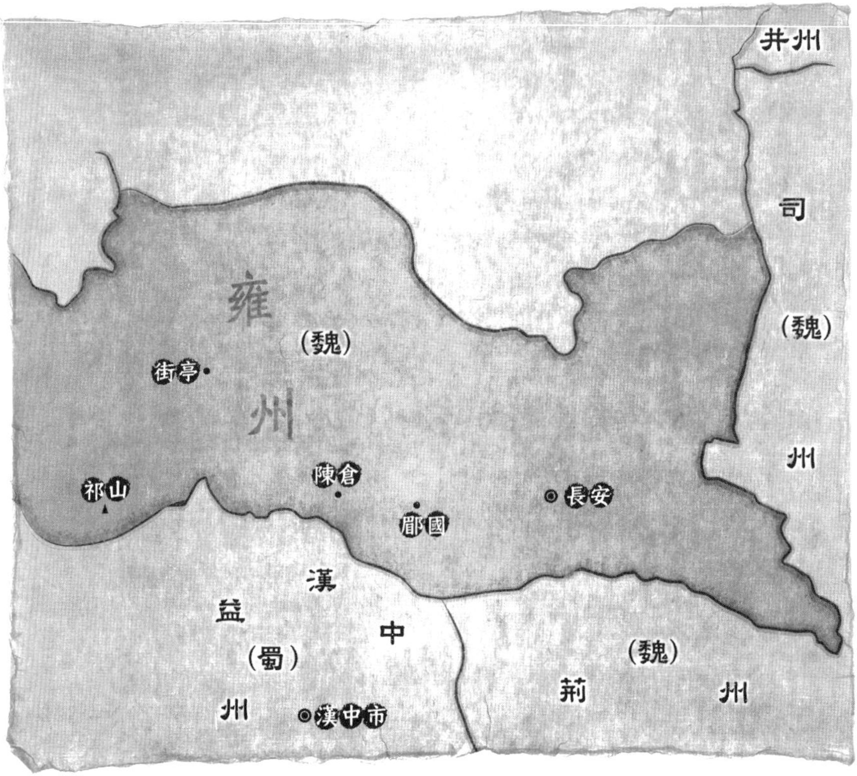


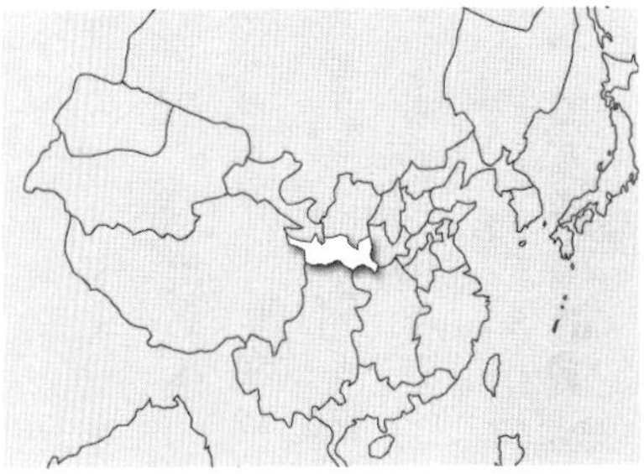

## 陳倉之戰

諸葛亮第一次北伐，因為街亭之戰失利而回師。曹魏大將曹真判定，諸葛亮下次不會再出祁山，而是出散關走陳倉，便早早派定郝昭駐屯陳倉。

曹真果然料中，幾個月後，諸葛亮利用魏、吳在南方大戰的機會，再度出兵伐魏，而且真的從陳倉進入魏境。

陳倉守軍，只有一千餘人，但守將郝昭面對十萬敵軍，志氣不少衰，不管諸葛亮怎麼攻，他就是能見招拆招，諸葛亮無奈，只好再度撤軍。

不但得餓肚子打仗，還會腹背受敵；無奈之餘，只好下令撤兵。

## 張郃料中諸葛

在諸葛亮進軍陳倉時，魏明帝決定讓駐守於方城的大將張郃領兵救援。他問張郃：

「等將軍到的時候，諸葛亮是否已攻下陳倉了？」

從張郃的回答，就可以知道，他的名將之名，絕非浪得：

「恐怕臣還未到陳倉，諸葛亮就已經撤退了。」

張郃算是把蜀軍摸透了。他早知道蜀軍向來糧秣不豐，絕禁不起持久戰，故有此說。果然，張郃還沒到陳倉，諸葛亮就已撤退了。

諸葛亮撤退時，有個叫王雙的魏將，恃勇追擊，被諸葛亮回擊殺死。第二次伐魏行動，就以這一點小小戰果，幾近無功地告終。

二十一

# 上邽之戰：

## 諸葛亮 VS. 司馬懿

## 諸葛學校裡的司馬學生

# 戰役一覽表

一、發生年代：公元二三一年（魏太和五年）。
二、戰爭原因：諸葛亮第四次北伐。
三、天下形勢：前一年，魏帝派曹眞、張郃、司馬懿兵分三路，共二十萬大軍攻蜀，遇天雨路難行，無功而返，這就是所謂的諸葛亮「四出祁山」。
四、雙方主將：諸葛亮 vs. 司馬懿。司馬懿副將：張郃、郭淮、費曜、戴陵。
五、運用策略：司馬懿自知才不如諸葛亮，遂採「不若則能避之」之策，堅壁不應戰，雖數度小敗，終能令諸葛亮難越魏地雷池。
六、造成影響：曹魏折損名將張郃。

諸葛亮和司馬懿都是三國時代的風雲人物，他們之間的對決，是三國史中，最富戲劇性、最吸引人的戲碼之一。

## 善自謀謀人的司馬懿

諸葛亮在歷史上，已是智慧的象徵。他的本事，自不待言。司馬懿的歷史知名度雖然遠不及諸葛亮，但論本事，不見得比諸葛亮差多少；論功業，他不僅在三國，甚至在整個中國，也算得上一號人物。

司馬懿聰明絕頂，一生中，有兩大特色：

一、善於自謀：他很會保護自己，發展自己。曹操很猜忌他，但他能讓曹操逐漸放下心，不殺他；曹丕很喜歡他，他就讓曹丕重用他；曹爽很懷疑他，他便反手把曹爽剷除掉，從此掌握大權。

二、善於謀人：他很能對付敵人，排除異己。論打仗，他用兵如神，戰功赫赫；尤其對孟達與公孫淵的兩場戰役，打得漂亮至極。

然而，司馬懿雖然深沉富機謀，且善於用兵，但只要一碰上諸葛亮，就一點轍都沒有；不但被修理，還慘遭羞辱！

諸葛亮可真是司馬懿的唯一天敵！

## 既生懿，何生亮

《三國演義》中，有一句「既生瑜，何生亮」的名言。其實，這只是小說家者言，周瑜因為早死，從沒有機會與諸葛亮真正正面交手；但赤壁之戰之能以寡擊眾，以弱勝強，就是周瑜的傑作。周郎能大破曹公，證明他是個大才。既然是大才，又從未與諸葛亮對陣過，基本上，不大可能產生所謂「瑜亮情結」。

真正會慨歎「何生亮」的，恐怕是司馬懿了；因為他一碰上諸葛亮，就得吃虧。到後來，司馬一碰到諸葛，不是裝蒜，就是裝孬，然而，實質上雖虧損了，但卻在帳面取得了平衡——我打不過你，至少可讓你吃不掉我。

從公元二二八到二二九年（魏太和二年至三年）的兩年內，諸葛亮連三次伐魏，雖然三次都無功而返，但卻把魏明帝搞火了！

我大你小，我強你弱，我沒招惹你，你反倒接二連三地找上門來，這口氣實在嚥不下；於是派出曹真、張郃、司馬懿三名大將，分兵三路，共二十萬大軍，浩浩蕩蕩殺向益州，當時是公元二三〇年（魏太和三年）。

大軍將壓境，諸葛亮開始布局，準備迎戰。但雙方忙了半天，仗卻沒打成，因為大雨連下了一個多月，蜀道難，雨天時更難，軍勢非常不利，無奈之餘，魏明帝只好下令退兵。

這就是所謂「六出祁山」的第四出，但出的其實是曹魏，而且仗也沒打成，諸葛戰司馬的戲碼還得延一延、緩一緩。

## 「二」出祁山——諸葛亮四度北伐

公元二三一年（魏太和五年），諸葛亮經過兩年休整後，再度啟動大軍，向祁山推進，進行第四次北伐。

這時，曹魏大將曹真病重，魏明帝便命司馬懿帶著張郃、費曜、戴陵等領兵禦敵。

諸葛亮聞知司馬懿領兵來戰，遂兵分二路：一、王平，讓他進攻祁山；二、親率主力直撲上邽。上邽是魏國軍事要地，不宜有失；司馬懿立刻派郭淮、費曜去救援，雙方展開大戰，魏軍在上邽大敗，郭淮撤退，不敢再戰。

這是諸葛與司馬第一次正式對戰，也是司馬懿生平第一次吃敗仗。司馬懿自領兵以來，從沒碰過這麼難纏的對手，見識過蜀軍的訓練有素，拚死衝殺。生平未逢敵手的司馬懿，從此對諸葛亮產生了畏懼之心。

## 公畏蜀如虎，奈天下笑何

雖然惹不起，總躲得起吧！於是司馬懿高壘深溝，堅壁不戰。

雙方就這麼僵住了，蜀軍因為經常受制於糧食不豐、運輸不便，作戰原則向來速戰速決。司馬懿一方面怕諸葛亮，一方面也知道蜀軍這個難處，便採拖字訣；任憑諸葛亮怎麼叫陣，他總是裝蒜裝孬，硬是不動。

諸葛亮求戰不得戰，只好引兵後撤；諸葛一動，司馬就相隨，但相隨了老半天，依然不敢動手。魏軍將領一再請戰，司馬懿就是不許。將領們都忿忿不平，講了一句讓司馬懿遺羞千年的名言：

「公畏蜀如虎，奈天下笑何！」

事實上，這正是司馬懿聰明的地方，他知道自己鬥不過諸葛亮，所以，堅持孫子「不若則能避之」的原則，以免「小敵之堅，大敵之擒也」【註一】！

然而，他愈躲，部下們愈不滿；到最後，連自己也沉不住氣了，便派張郃去打駐守祁山之南的王平，自己則率領主力直撲祁山的諸葛亮。

## 諸葛大破司馬

這是第一次，也是唯一的一次，諸葛與司馬的正面對決。

大戰結果，諸葛大破司馬，魏軍數千人陣亡，物資損失無數，蜀軍大勝。

張郃那邊也吃了敗仗，張郃與蜀軍對陣的經驗頗多，也打過好幾次勝仗，尤其街亭一役，贏得更是漂亮；但這次對上王平，雖屢次進攻，卻屢次被打退，既然打不過，就回吧！

魏軍二路連著挨打，司馬懿只好又把門關起來，假裝蜀軍不存在。

魏軍裝孬不敢打，蜀軍則缺糧不能拖。正當諸葛煩悶不已時，忽然傳來後主劉禪的回師令【註二】，這下子，諸葛亮也不得不退兵了。

註一　這幾句話，都出自《孫子兵法》的「謀攻篇」。意思是說：實力不如敵人，就應避免對戰，以免弱小又逞強，將會被敵人破敗擒殺。

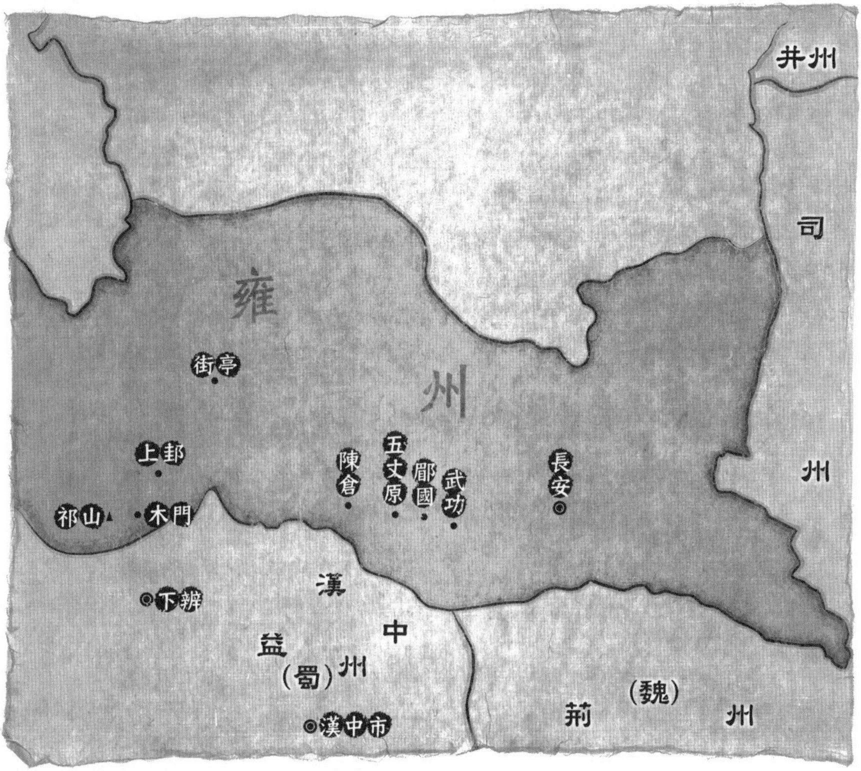


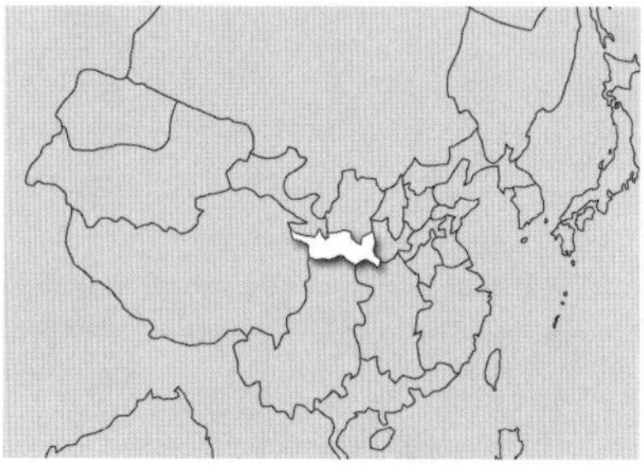

## 上邽之戰

諸葛亮親領大軍直撲上邽，另派王平領一路軍攻祁山。

魏軍元帥司馬懿派郭淮、費曜救援上邽，張郃赴祁山，對戰王平。

郭、費在上邽被諸葛亮殺得大敗，魏軍旋即回師，不敢再戰。另一路的張郃，也在祁山被王平擊退，二路皆失，司馬懿怕死了諸葛亮，於是堅壁不敢出戰。

諸葛亮求戰不得，加上糧食吃緊，不得已回師，司馬懿以爲有機可乘，強令張郃追擊，結果在木門中伏，張郃被流箭射死。這是諸葛亮數度北伐行動中，成果最豐碩的一次。

司馬懿的戰術就是拖，正面決戰打你不過，就打消耗戰。論兵，我弱你強；論糧，你快吃不上，我卻吃不完，諸葛亮這一退兵，司馬懿認為機會來了，下令張郃領兵追擊。

接到命令，張郃很不以為然：

「軍法，圍城必開出路，歸軍勿追。」

## 張郃之死

這可是內行話！《孫子兵法》說過：「歸師勿遏，圍師遺闕，窮寇勿迫。」【註三】一般戰爭原則如此，何況對手是諸葛亮，這時候去追打，難保有好菓子吃！

然而，司馬懿不知是否吃了太多諸葛亮的虧，丟了太多臉，急著想撈本，挽回面子？竟不顧張郃之勸，執意追擊。張郃無奈，領軍而出。

張郃果然沒算錯，諸葛亮是何等人物！他想撤兵，又有誰能攔得住，早在路上預設伏兵，張郃再厲害，也難防暗箭。他一進入諸葛亮埋伏的木門道，冷不防萬箭直飛而來，張郃當場中箭，一代名將就此兵敗身亡！

這一仗，是司馬懿生平最糟的一戰，不但飽受羞辱，還折損了張郃；不僅輸了，而且輸得灰頭土臉。

這一仗，也是諸葛亮五次北伐行動中，成果最豐碩的一戰；雖然因為糧食問

註二 諸葛亮這次中途回師，並非後主之意，而是中都護李平（原名李嚴）搞的鬼。李嚴生性自負，一直認為才能僅次於諸葛亮，但職位又不及諸葛亮遠甚，心中頗不平。諸葛亮這次伐魏，讓李平負責後勤。當時正值霖雨，軍糧不繼，李平怕被究責，便假傳聖旨，令諸葛亮撤退；諸葛亮回師後，李平又故作驚訝的表示：軍量充足，為何撤軍？諸葛亮拆穿了李平的西洋鏡，李平這才俯首認罪，被廢為平民，諸葛亮死後，李平知道再也沒有機會復起，病發而死。

題，最終還是不能直搗洛陽，但總算重重打擊了魏軍士氣。尤其張郃之死，在魏國朝廷中，引起了極大的震撼。司空陳群難過地說：

「郃誠良將，國之所依也。一旦戰歿，令人悼惜！」

魏明帝甚至哀歎：

「蜀未滅，而郃死，將若之何？」

司馬懿已經夠難堪了，聽到這樣的話，更是無地自容；但他的災難還沒完，三年後，他又再度飽受諸葛亮的羞辱，繼「畏蜀如虎」後，又被迫配合演出了一齣生平最丟人現眼的「死諸葛走生仲達」！

註三 這三句話都出自「軍爭篇」。翻成白話是：不要阻絕回歸本國的軍隊，以免重起不必要的戰端。實行包圍戰時，不要把出路全堵死，以免激起敵人死戰的決心。對日暮途窮的亡命之伍，不要逼迫過甚，以免敵人狗急跳牆而拚命反撲。

二十二

# 諸葛亮的最後一戰：

## 諸葛亮VS.司馬懿

## 死諸葛走生仲達

# 戰役一覽表

一、發生年代：公元二三四年（魏青龍二年）。

二、戰爭原因：諸葛亮發動最後一次北伐。

三、天下形勢：諸葛亮約孫吳共同攻魏，孫權親率十萬大軍走東路攻合肥新城，另派陸遜、諸葛謹與孫昭、張承分頭進軍襄陽與廣陵、淮陰。

四、雙方主將：諸葛亮vs.司馬懿。
諸葛亮副將：楊儀、魏延、姜維。
司馬懿副將：郭淮。

五、運用策略：司馬懿再度採「堅壁不與戰」之策，最後拖死了諸葛亮，蜀軍無功而返。

六、造成影響：諸葛亮五度北伐均失敗，最後鞠躬盡瘁而死，從此蜀漢再無能人，國力更衰，再也無力大舉攻魏。

諸葛亮從公元二二八到二三一年（魏太和二年至五年），三年內連續伐魏四次，卻因為屢次出現意外，總不能直撲關中，兵臨洛陽；他總結經驗，認為最大的癥結在於糧食及運輸問題。

## 木牛流馬

於是，他緩下腳步，一面休整軍隊，一面屯田墾殖，逐漸解決了糧食問題。

糧食問題解決之後，又面臨運輸問題；「蜀道難，難於上青天」，人空著手行走都很困難，更別說要載運糧食、輜重了；雖然有牛馬駝運，但面對蜀道，效果始終不怎麼好。於是他繼上次北伐發明「木牛」後，又發展出「流馬」【註】，運輸問題獲得了不少改善。

經過兩年多的準備，公元二三四年（魏青龍二年），諸葛亮第五度出師，十萬大軍走斜谷而屯兵於武功附近的五丈原。為了和魏軍打一場持久戰，他這次可是有備而來；不但準備了大量糧秣，還分兵在當地屯田，準備和曹魏徹底見個真章。

## 蜀、吳分由北南出擊

鑑於前幾次出兵，總是蜀漢獨力對抗曹魏，讓敵人能全力應戰；這一次，事先便約好東吳聯手合擊，蜀軍由北，吳軍從南，展

註 木牛與流馬都是比人力、獸力績效更好的運輸工具，具一定程度的機械原理，但實際情況已不可考。

開鉗形攻勢。

面對來勢洶洶的蜀、吳兩路大軍，魏明帝曹叡再派出司馬懿對付諸葛亮，自己則親率大軍迎戰東吳。

東吳大軍由吳大帝孫權自任大元帥，進兵合肥新城（合肥分新城與舊城，後者稱合肥，前者稱合肥新城），另外派陸遜、孫韶各領一萬多兵馬，分從左右兩路，進擊襄陽與淮陰。

孫權這次的行動，決戰意志並不堅定，他初攻合肥新城沒有什麼大進展，又聽到曹叡親征，便乾脆撤兵走人。主帥一退，其他陸、孫二路軍最後也不得不回師，東吳的配合行動，不了了之。

## 司馬懿的裝孬戰術

另一方面，司馬懿再度面對諸葛亮，鑑於上次的慘痛經驗，這一次，他乾脆關起大門，任憑諸葛亮怎麼挑釁，他硬是狗熊裝到底。

雙方就這樣僵持了一百多天，諸葛亮看扁了司馬懿，派人送去一套女人穿戴的衣服與首飾，擺明了罵司馬懿龜縮不敢戰，不是七尺之軀的男子漢，而是穿裙子的娘兒們！部下看到敵人都把口水吐到臉上了，而主帥居然還可以唾面自乾，個個摩拳擦掌，氣憤難消。司馬懿沒辦法了，只好把魏明帝抬了出來：

「不是我不肯出戰，而是臨行前，皇上特別指示，堅守不與戰；既然大家都認為應該放手一搏，那就求皇上批准吧！」

原來，魏明帝鑑於上次大敗，張郃被殺的慘痛經驗，知道諸葛亮確實不易對付，確曾特別叮嚀：

「堅壁拒守，挫折敵人銳氣，讓他前進不得，後退不甘；耗久了，糧秣不足，加上補給困難，就非退不可。敵人一退，我方就追，則不難取勝了。」

堅守不戰不僅是司馬懿的意思，更是魏明帝的決定。沒多久，魏帝果然派大臣辛毗持符節來約束將領，出戰與否的爭議，才逐漸平息。

## 拖字訣戰術

司馬懿和魏明帝唱雙簧，瞞得過部屬，卻瞞不過諸葛亮。當蜀軍將領姜維看到辛毗持節而至時，便對諸葛亮說：

「辛佐治（辛毗，字佐治）一到，賊人大概不會出來了。」

諸葛亮冷笑回應道：

「司馬懿本來就不想打，之所以請示出戰，不過是裝樣子，讓部屬認為他其實想戰而不得戰；然而所謂『將在外，君命有所不受』，真要打的話，還需要不遠千里去請示嗎？」

諸葛亮看透了司馬懿的花招，同樣的，司馬懿也在摸諸葛亮的底。幾天後，諸葛亮又派使者過來，司馬懿照老規矩，客客氣氣地接待；這一次，絕口不提戰事，反而問起諸葛亮的飲食起居來，使者搞不清楚狀況，照實回答：

「諸葛公每天早起晚睡，大小事一手包，連罰二十個板子的事都要親自過問，因為疲累過度，胃口很不好，每頓都吃得很少呢！」

使者回去後，司馬懿對左右說：

「諸葛亮食少事繁，恐怕活不了多久了。」

## 避實待虛以擊之

這就是司馬懿聰明的地方，知道自己打不過諸葛亮，於是採取「避實待虛」戰術，為什麼說「待虛」，而不是「擊虛」呢？因為找不到諸葛亮的虛可以擊。有諸葛亮在，就是實；反過來說，一旦諸葛亮不在了，就是虛。說穿了，司馬懿的如意算盤就是拖，只要能把諸葛亮拖死，就有虛可擊了。

司馬懿這次總算看準了，賭對了。蜀軍中一直缺乏人才，諸葛亮生性並不愛攬權，但他向來謹慎，手下又沒什麼能託付重任的人，為了怕出錯，只好事必躬親；這一來，就把身子累壞了！

另一方面，司馬懿堅壁不戰的戰術也生了效。諸葛亮屢屢求戰不能戰，弄得他心中煩躁；日子久了，心裡不免愈來愈急，長久的累急交侵，諸葛亮終於病倒了。

諸葛亮這一病，來勢洶洶，他知道自己已經不行了，為了讓這支多年來苦心經營的十萬大軍能安然撤退，為蜀漢保存這點僅有的軍力，臨死前，他依然硬撐苦思指揮全軍回師的主導人選。

魏延雖是蜀軍宿將且勇略兼備，但性情張狂，素與諸將不諧，首先被排除在外。

姜維雖然懂軍事，但年輕不孚眾望，恐怕壓不住陣腳。

費禕是文官，根本不合適。

最後選定楊儀；楊儀不但能幹、懂軍事，最重要的是，只有他才節制得了魏延，不致引起內部變故。

## 天下奇才也

諸葛亮死後，楊儀依照諸葛亮遺命，整軍回師漢中。司馬懿看到蜀軍的行動，判定諸葛亮已死，覺得有「虛」可擊，便派兵追了過來；沒想到蜀軍不但不加速逃跑，反而回頭，並在霎時間，戰鼓大作，一副準備決戰的模樣。司馬懿沒料到蜀軍有這一招，又以為諸葛亮沒死，不但沒死，還使出詐術，引誘他出戰，嚇得趕緊收兵，不敢再逼近，蜀軍終於安然地全軍撤退。

蜀軍已全撤光了，司馬懿還渾然不覺。一直過了好幾天，司馬懿才敢來到蜀軍營壘；當他看了諸葛亮處軍布陣遺跡及留下來的軍事文書後，不禁對諸葛亮的才學發出驚歎：

「天下奇才也！」

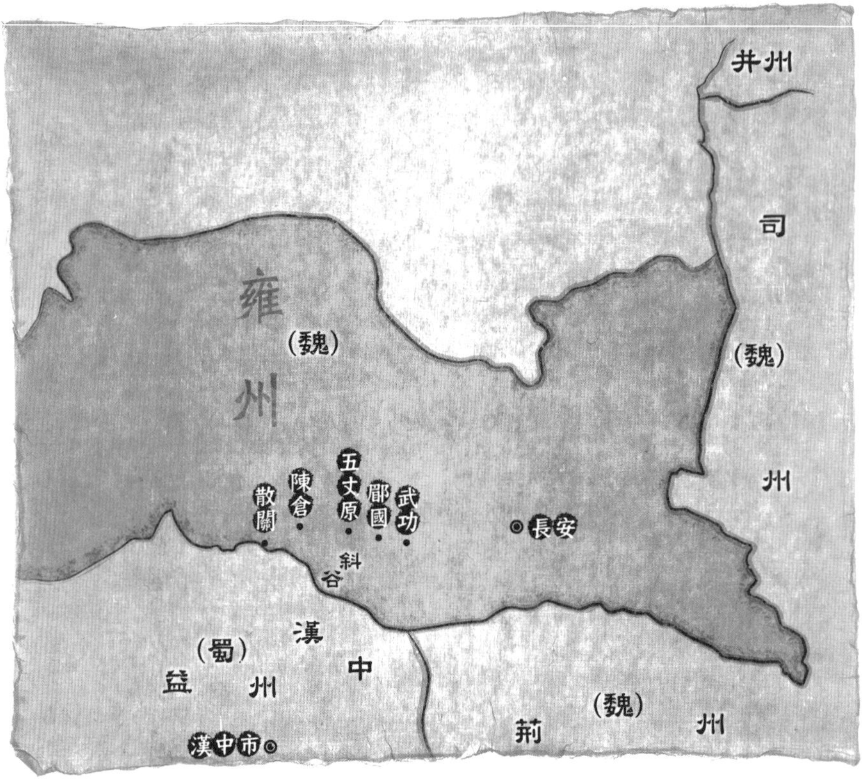


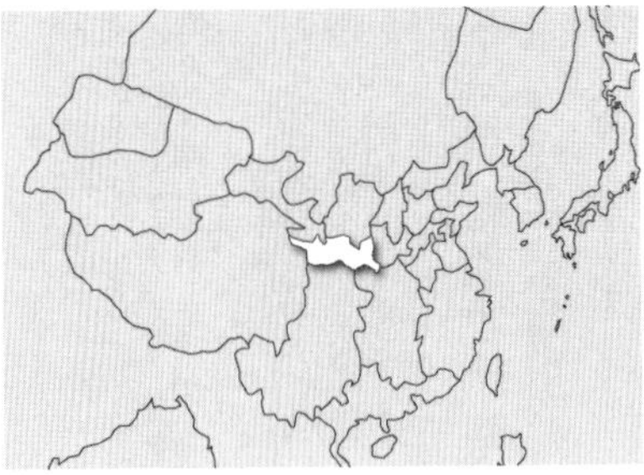

## 諸葛亮的最後一戰

諸葛亮最後一次伐魏，這一次是走斜谷，屯兵於武功附近的五丈原。

魏軍元帥司馬懿怕死了諸葛亮，再一次採取堅壁不戰的拖字訣戰術。

諸葛亮再度面臨求戰不得戰的窘境，加上事必躬親，食少事繁，身體愈來愈虛弱，終於病逝於五丈原。

諸葛亮臨死前，還精心設計了全師而退，避免司馬懿從後追擊之策，司馬懿從頭到尾，全被蒙在鼓裡，民間都笑他：「死諸葛走生仲達！」

## 死諸葛走生仲達

這時，司馬懿才終於確定諸葛亮真的死了，但想趁勢追擊也來不及了。

司馬懿在這場戰役中，算計了老半天，除了一些已不再重要的文書資料，以及一些不便帶走的糧草之外，什麼也沒撈到。更糟的是，他甚至連諸葛亮的生死也掌握不了，而且還讓敵人從容撤退，完全讓諸葛亮徹頭徹尾給耍了。消息傳出後，連老百姓都忍不住挖苦他：

「死諸葛走生仲達（司馬懿，字仲達）！」

走，在古文中，有嚇跑、逃跑的意思；在這裡，意思更明顯，司馬懿這張老臉，算是丟光了！他只能苦笑著自我解嘲：

「吾能料生，未便料死也！」

然而，再怎麼辯解都沒用，司馬與諸葛對壘三年，諸葛高於司馬早就是千古定評了。

二十三

# 遼東之戰：

## 司馬懿 VS. 公孫淵

## 一場知己知彼的經典好戰

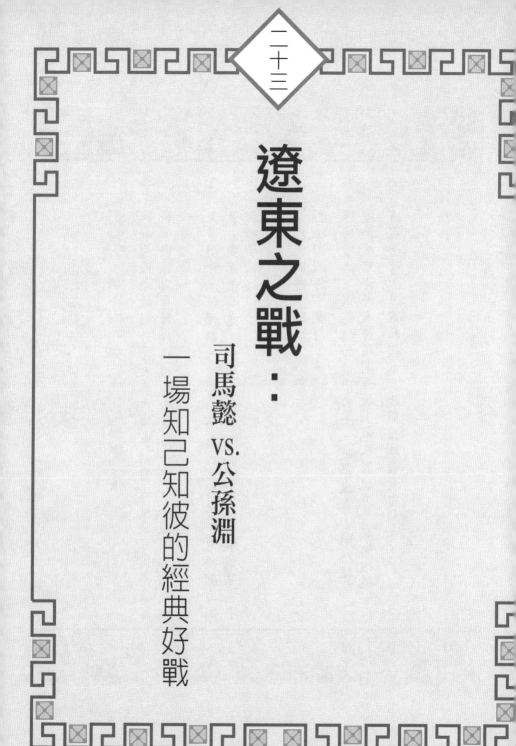

# 戰役一覽表

一、發生年代：公元二三八年（魏景初二年）。

二、戰爭原因：魏明帝屢次要求遼東割據政權公孫家奉表歸服，公孫家屢屢硬楨拒絕，魏帝一怒，決定派司馬懿以武力討平。

三、天下形勢：孫權進入晚年，逐漸由明轉昏，東吳國力漸衰。魏明帝病危，以曹爽為輔政大將軍。蜀漢諸葛亮去世四年。

四、雙方主將：司馬懿 vs. 公孫淵。
司馬懿副將：陳珪、張靜。
公孫淵副將：卑衍、楊祚。

五、運用策略：司馬懿知道形勢上「賊眾我寡、賊飢我飽」，遂於賊軍糧將盡時展開強攻，賊人因戰力大減而慘敗。

六、造成影響：三國時代唯一的獨立政權宣告結束。

公元二三八年（魏景初二年），魏明帝下令司馬懿領兵討伐遼東的公孫淵。公孫家族在三國時代是個大異數。

## 桀驁反覆的公孫家

公元二二〇年（魏黃初元年），曹丕篡了漢朝的帝位，第二年，劉備稱帝；過了七年，孫權也跟進，所謂三國這才全部真正到位。當時，整個神州大地，不歸於魏，則歸於蜀、吳，但有一個地方除外，就是幽州遼東的公孫家。

公孫家崛起得很早，公元一九〇年（漢初平元年），公孫淵的祖父公孫度就被董卓封為遼東太守；一直到二三八年（魏景初二年），被司馬懿消滅之前，公孫家在遼東整整稱霸近五十年。五十年來，公孫家雖然局促一隅，卻極盡翻雲覆雨之能事。先是公孫度在遼東威福自專，據地自雄。曹操曾封他為「永寧鄉侯」，當印信送到時，他很不屑地說：

「我早就是遼東王了，還要什麼撈什子永寧鄉侯！」

說完，叫人把侯印扔到倉庫裡。

總算他運氣好，曹操忙著對付其他大角色，沒時間理會他。

兒子公孫康繼位之後，知道惹不起曹操，不怎麼敢鬧事。他運氣好，被曹操天涯追殺的袁尚、袁熙自己送上門來，公孫康很知機，趕緊砍下二袁腦袋奉上；曹操很高興，放過了他，還給封了官。

## 小敵之堅的公孫淵

公元二二八年（魏太和二年），公孫淵上台。他沒有父親和爺爺的本事與見識，不但不懂得保命全身，還到處招惹強敵；不但狠狠地耍了孫權，還向最強大的魏國嗆聲。東吳和遼東離得太遠，中間又隔了魏國，孫權只能生悶氣。但魏明帝曹叡可不吃這一套，曾於二三二年（魏太和六年）與二三七年（魏景初元年）兩度派人討伐，但都無功而返。公孫淵以為魏國拿他沒轍，乾脆自封為燕王；這下把曹叡搞火了，終於將手中的王牌司馬懿打了出來。

司馬懿是三國中七個最會用兵的將帥之一，其他六個是周瑜、呂蒙、陸遜、陸抗、張郃、鄧艾。司馬懿用兵如神，一生戰功赫赫，除了諸葛亮之外，他從來沒有在誰的手上栽過跟斗。公孫淵這次碰上了司馬懿，算他倒楣，不但得等著奉上腦袋，還得以江山為司馬懿成就另一個功業。

這場戰役之所以堪稱經典，是因為對陣之前，司馬懿就已經完全掌握了公孫淵；開戰之後，戰勢竟依著司馬懿所設定的節奏走；更重要的是，這是一場以勞對逸，以寡擊眾的漂亮戰役。

## 司馬懿看透公孫淵

司馬懿奉召從長安來到洛陽後，曹叡就問道：

「公孫淵會用什麼計策迎戰你？」

司馬懿回答：

「公孫淵事先棄城逃走是上策，據守遼東對抗我方大軍是中策，若死守襄平，就注定敗亡。」

曹叡又問道：

「三策中他會採哪一種？」

司馬懿胸有成竹的說：

「只有最明智的人才懂得審時度勢，知己知彼，因而事先有所割捨，但這不是公孫淵的智力所能做到的。」

曹叡接著問道：

「整個行動共需要多少時間？」

司馬懿回答：

「去一百天，攻一百天，回一百天，休息六十天，總共一年時間就夠了。」

公孫淵聽到魏國派出司馬懿，怕了！趕緊派人向東吳稱臣請救兵。孫權曾被公孫淵騙過，吃過大虧、上過大當【註】，對於公孫淵的反覆詭詐，非常厭惡，對他敷衍了事。

註 關於這段故事的詳情，請參閱本系列「奇士與國士」一書中的「東吳四壯士」篇。

## 直趨襄平老巢

司馬懿的四萬大軍抵達遼東前，公孫淵早派了大將卑衍、楊祚帶了幾萬人在遼隧布下防線。魏軍的將領們打算立刻展開攻擊，但被司馬懿否決了：

「敵人出動大軍在這裡駐守，是打算把我們拖死在這裡；我們去打，就上當了。現在，他們的主力都在這裡，老巢一定空虛；我們若直取襄平，一定能攻破。」

司馬懿不但不攻，還派出一支疑兵，大張旗鼓地向南行；卑衍、楊祚不明究理，帶著所有人馬尾隨在後。司馬懿趁機偷偷地把主力開向襄平，卑衍等人發現上當，趕緊把軍隊撤走，司馬懿回頭追擊，雙方終於在首山展開決戰，卑衍軍大敗，司馬懿遂對襄平展開包圍。

當時襄平一帶正值雨季，遼水大漲，平地淹水好幾尺；軍士們很害怕，請求遷營，司馬懿嚴令禁止再提遷營，都督令史張靜違令，被斬殺，軍中才算安定下來。

公孫淵軍仗著大水，認為司馬懿不好展開攻擊，依然自在地砍柴放牧；魏軍將領們看不下去，想去抓他們，司馬懿還是不准。

部下陳珪忍不住請教：

「當年我們攻新城的孟達，僅八天就抵達陣地，一到就展開日夜不停的攻擊，只花了十六天就擒斬孟達。這次，我們同樣是遠道而來，不但不搶攻，反而安閒又遲緩，我真是感到疑惑啊！」

司馬懿回答：

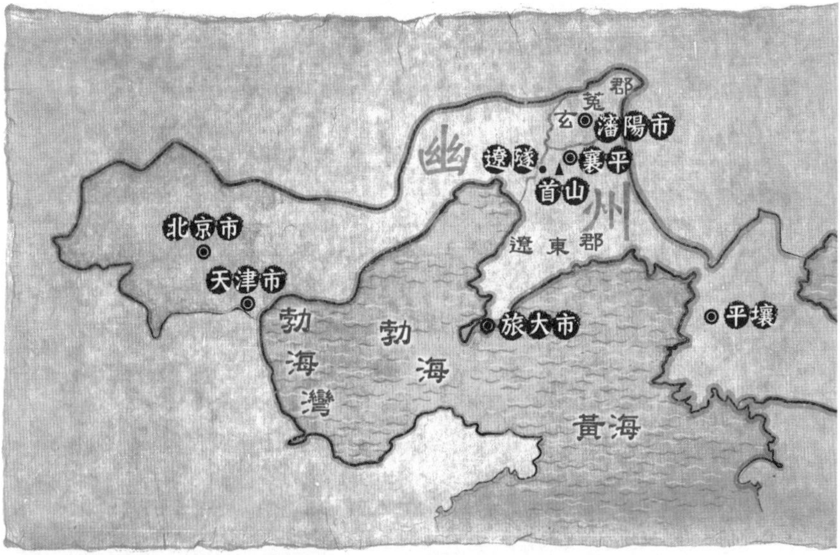


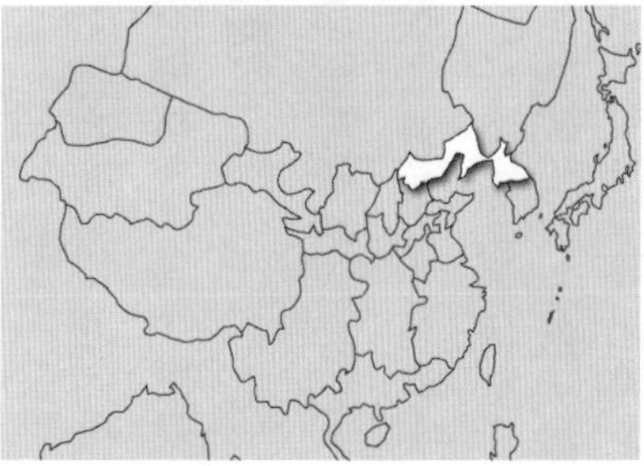

## 遼東之戰

司馬懿奉命攻遼東，大軍來到之前，公孫淵早派了大將卑衍、楊祚帶了數萬兵，等在遼隧。

司馬懿故布疑陣，把卑、楊引到首山，將之擊敗後，移師襄平。

襄平城兵多糧少，司馬懿一直等到公孫淵糧食消耗已盡後，才下達攻擊令，襄平城不支，逐漸出現了人吃人的慘況，楊祚等人受不了，率先出降。

襄平城終於被攻破，公孫淵帶了幾百殘兵突圍，被司馬懿派人斬殺。

「當年孟達兵少但糧多，足可撐一年；相對而言，我方則是兵力四倍，但糧少只能吃一個月；以一個月對抗一年，當然得搶攻。因為，就兵力而言，我們是以四對一；即使損失一半而能攻克，也都得強攻啊！」

## 糧多兵少的打法

司馬懿接著又說：

「如今的情況又不同了，敵人兵員多，我們人少；敵人缺糧，我們糧足。現在雨水這麼大，戰力根本打不出來；我雖然知道應該速戰速決，又有什麼奈何？自打京師出發，我不怕敵人來攻，只怕敵人逃走，眼看著敵人的糧食快耗盡，可我們的包圍還沒完成；如果這時去搶掠他們的牛馬，劫奪他們的薪柴，只會把他們嚇走而已。現在，敵人憑著人多，仗著雨大，因此，雖然飯都快吃不上了，還不肯投降。我們不妨假裝成無計可施，讓他們安心，切忌為了求取一點點小勝利，使他們受驚嚇而逃跑才是啊！」

等雨停之後，司馬懿馬上完成包圍與部署，並下達全面攻擊令，日攻夜攻，飛箭如雨，公孫淵逐漸支持不住；沒多久，糧食耗盡，出現人吃人的慘況，死的人愈來愈多，楊祚等將領終於受不了而投降。

## 拒絕公孫淵求降

楊祚等人投降後沒多久，公孫淵也派了兩位老臣請求退兵受降。司馬懿毫不多說，藉口使者年紀大，話說不清楚，把他們殺了，要求再派年輕、俐落一點的人來。公孫淵無奈，又派了人過來，並表示投降前願意按指定日期先交付人質。

事實上，司馬懿根本不打算接受投降，他早就計畫好將公孫淵徹底殲滅，以免他仗著天高皇帝遠，繼續作怪；所以，不管公孫淵怎麼開條件，他硬是毫不留情地給掃回去：

「戰爭有五個基本原則：能打就打，不能打就守，守不了就走，剩下來的就是降與死。你不肯綁了自己出降，就表示要決戰而死，人質就不必送了！」

說完，又展開強攻，襄平城終於被攻破。公孫淵帶著兒子與幾百人馬突圍逃走，被司馬懿派人追上，當場被斬殺。

# 二十四

# 魏滅蜀之戰：

## 司馬昭 VS. 劉禪

蜀漢告別三國之役

# 戰役一覽表

一、發生年代：公元二六三年（魏景元四年）。

二、戰爭原因：蜀漢大將姜維屢次侵擾魏境，主政大臣司馬昭以蜀漢國竭民盡，決心滅蜀。

三、天下形勢：司馬氏掌握曹魏國政。吳大帝孫權去世已十一年，東吳國力亦漸衰。

四、雙方主將：司馬昭vs.劉禪。
劉禪副將：姜維、諸葛瞻、李恢、張翼、譙周。
司馬昭副將：鄧艾、鍾會、諸葛緒、鄧忠、師纂。

五、運用策略：鄧艾利用姜維以一敵二，分身乏術的弱點，讓鍾會在劍閣牽制住姜維，自己則出其不意的引軍殺向成都，迫使蜀帝劉禪出降。

六、造成影響：蜀漢滅亡，「三國演義」變成「魏吳春秋」。

蜀漢自諸葛亮去世十九年之後，軍事大權逐漸轉移到姜維手中。

姜維素來尊敬諸葛亮，又忠於蜀漢，為了完成諸葛亮興復漢室的生平志願，他一掌握了軍權，就頻頻對魏國用兵。

蜀漢的人才本來就不多，軍事人才尤其少，諸葛亮北伐期間（公元二二八至二三四年，魏太和二年至青龍二年），有經驗的將領已凋零殆盡。諸葛亮死後，唯一較能用的魏延也被楊儀殺了；於是出現了「蜀中無大將，廖化做先鋒」的窘境。

諸葛亮很欣賞姜維，但姜維的本領再大，也不可能憑自己一個人的力量去攻戰。不僅如此，魏國偏偏又冒出了一個鄧艾，好像姜維的天敵似的；姜維一碰到鄧艾，不但無法深入魏境，而且還屢戰屢敗。

從公元二五〇年起（魏嘉平二年），十二年內，姜維連續對魏國用了八次兵；除了最後一次是遭遇戰之外，其餘七次全是姜維主動。

就國力而言，魏國十倍於蜀漢，然而，魏國沒出手，蜀漢卻不斷動手；幾次下來，終於把魏國實際上當家做主的輔政大臣司馬昭給惹火了！

## 司馬昭決意伐蜀

大臣路遺知道司馬昭對姜維很感冒，建議派刺客進入蜀國把姜維做掉。另一個大臣荀勗勸道：

「您是天下主宰，應該以正義去討伐不歸服的人，若用刺客除賊人，是很難成為天下人表率的。」

司馬昭覺得荀勗講得很有道理，決定以大軍伐蜀，於是公開宣布：

「自六年前平定諸葛誕之亂以來【註一】，國家一直積極準備收拾吳、蜀這兩個敵人；東吳土地廣大，地勢低濕，打起來要費些力，不如先拿下蜀漢；三年後，再順流而下，水陸並進，攻取東吳。這是當年先滅虢再順勢取虞的形勢。蜀國全部兵力不過九萬，但守成都及邊境就不只四萬，剩下不過五萬兵；我們可以把姜維牽制在沓中【註二】，使他顧不上東邊的漢中，再趁機把漢中拿下。以劉禪的昏庸，一旦漢中要地失守，內部核心就會動盪不安，蜀漢滅亡也就成定局了。」

## 三路大軍齊出

公元二六三年（魏景元四年），司馬懿按照這個戰略布署，派出了三路大軍：

第一路鄧艾領兵三萬，直撲當時駐紮在沓中的姜維。沓中在益州最西北部，漢中在益州最東北。鄧艾的任務是牽制住姜維，使他顧不上漢中；漢中是益州咽喉，只要能取下漢中，則攻取位在益州中西部的蜀漢大本營成都就不難了。

第二路諸葛緒領兵三萬，負責走祁山。這是雙保險，防止姜維突破鄧艾，回救漢中。

註一 魏征東大將軍諸葛誕，不滿司馬氏掌政，加上好友夏侯玄、鄧颺，以不見容於司馬懿被殺，沒多久，王淩、田丘儉又以不服司馬氏起事相繼遭誅滅，遂擁眾十萬，據守壽春，殺揚州刺史樂綝，起兵反司馬昭，同時送子到東吳為質求援，司馬昭親自率兵討平。

第三路軍鍾會領兵十萬，是負責取漢中再直趨成都的主力。

## 漢中失守，姜維移師劍閣

鍾會這一路很順利，很快攻占了漢中。在沓中與鄧艾僵持的姜維，聽到漢中失守，扔下鄧艾急忙移師向東，試圖救漢中，卻在陰平碰到了負責攔截他的諸葛緒。姜維急著擋住南下成都的鍾會，便設法甩開諸葛緒，跑到劍閣設防線以抵擋鍾會。

諸葛緒沒能攔住姜維，便與鍾會會合。沒多久，鍾會設法奪取了諸葛緒的兵權，三路魏軍成了兩路。

當姜維從沓中移師時，鄧艾自然一路跟著追來。追到陰平時，姜維從陰平走劍閣，沒想到鄧艾這時卻不再追擊姜維，而戰局也自此出現了關鍵性的變化。

鍾會奪下了漢中，又併掉了諸葛緒，聲勢大振，便分兵守漢中，自己帶著大軍一路南下，想直撲成都。

從漢中到成都，一定得經過劍閣，而姜維早已在此「恭候」；鍾會憑著人多，展開強攻；姜維則藉著劍閣天險，全力防守，雙方形成對峙之勢。

## 鄧艾從陰平轉趨成都

鄧艾的任務原本是負責牽制姜維，但現在姜維反而在劍閣和鍾

註二 當時，姜維忌憚宦官黃皓，自請駐屯於沓中。

會相持。他算準了蜀漢主力在姜維手上，便決定放掉姜維，從陰平直取成都。

從陰平攻成都，不僅對鄧艾以外的所有魏將是不可思議的事，甚至對遠在成都的所有蜀漢君臣，也覺得匪夷所思。因為從陰平直接往成都，地勢極為險惡，從來沒有人走過；也因為如此，蜀漢從沒想過，應該在這中間布兵防守。

基於此，姜維不理鄧艾，而鄧艾不再追擊姜維。差別在於姜維把不可能當作不可能，而鄧艾則是把不可能轉化成可能；他一向喜歡出奇制勝，而從陰平直趨成都，就是他的出奇之道。

## 天降神兵

鄧艾一路鑿山開路，山又高、谷又深，推進的速度很慢，糧食卻愈來愈少；碰到開不出路的險峻地形時，將士們只好攀緣著樹木扶壁前進。鄧艾甚至用厚厚的行軍毯裹住身體，從高山滾下去；費盡了千辛萬苦，冒著生命危險，鄧軍終於越過了最危險的山區，開始進入平地。

鄧軍一路走了七百餘里，中途沒有任何人煙，最後來到了江油。江油是成都外圍的一個小城，兵力很少，守將馬邈看到鄧艾大軍彷彿從天而降般出現在眼前，驚嚇之餘，立刻投降。

諸葛亮的兒子諸葛瞻聽到鄧艾兵到，急忙領兵來迎戰。鄧艾派人向諸葛瞻招降，許諾封他琅邪王；諸葛瞻大怒，殺了使者。鄧艾見招降不成，派兒子鄧忠與部

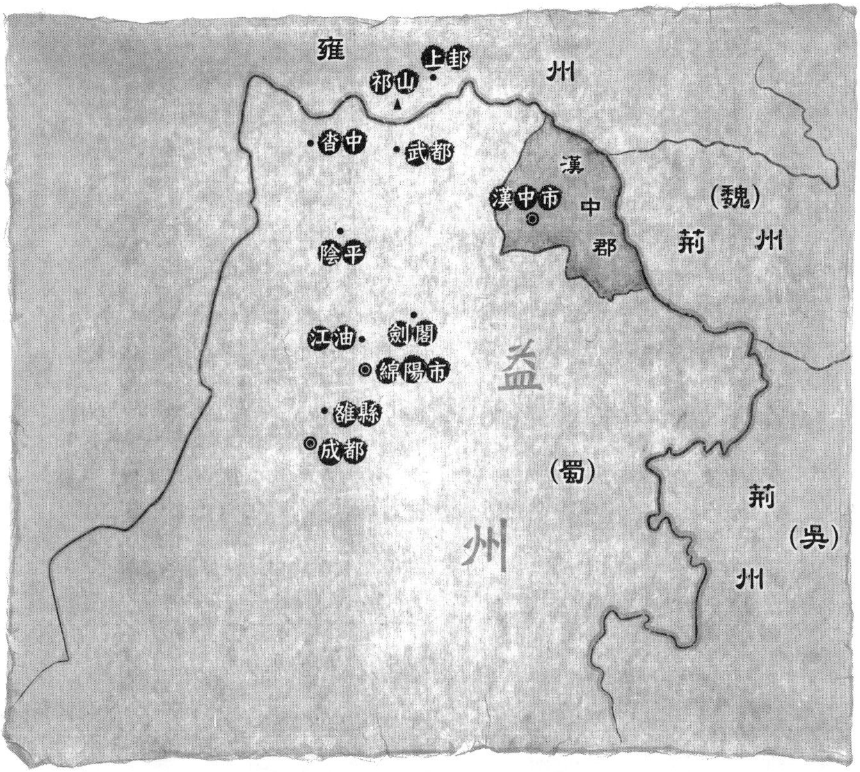


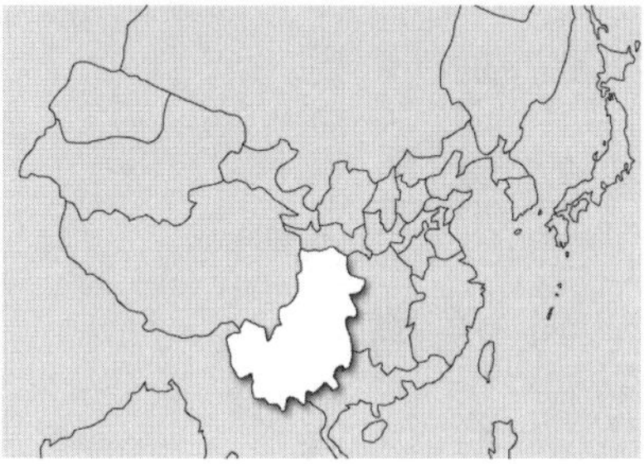

## 魏滅蜀之戰

魏軍兵分三路攻蜀。鍾會率主力攻漢中，再直趨成都。鄧艾赴沓中，攻擊蜀漢主力大將姜維。諸葛緒從祁山南下武都，以防姜維移師救應漢中。

鍾會不久進占漢中，姜維聽聞漢中有失，丟下了鄧艾，趕赴漢中抵擋鍾會。途中碰到諸葛緒，姜維設法甩開諸葛緒，由於漢中已失守，遂到劍閣與鍾會對峙。

鄧艾從沓中一路追擊姜維，走到陰平時，忽然放開姜維，調頭南下，在江油收降了馬邈，打敗了諸葛瞻，最後兵臨成都。

蜀帝劉禪沒想到鄧艾居然能越過難行的蜀道，殺抵成都，而這時，握有蜀漢主力的姜維又遠在劍閣，根本不可能回師來救，劉禪無計可施，只好投降。

將師纂出戰，結果被諸葛瞻打了回來。鄧艾大罵：

「成與敗就在這一戰，再回去打，輸了就砍頭！」

二人回頭再戰，終於把諸葛瞻打敗，殺了。

蜀漢朝廷想不到魏軍這麼快就殺進來，根本沒防備。聽到鄧艾已將兵臨城下，成都內外臣民都慌成一團；眼看著鄧艾大軍就快殺到，而姜維遠在劍閣被鍾會絆住，根本不可能回師來救，就算能回師，也已緩不濟急。劉禪急了，召集群臣開會討論，有人建議，蜀、吳是聯盟，不妨投奔吳國；又有人說，乾脆退到南中（益州南部），憑藉險峻地勢，偏安自守；大夥兒七嘴八舌，拿不定主意。大臣譙周頗有見識，特別為大家分析情勢。

## 譙周分析降戰利害形勢

「自古以來，沒有住在別人國家的天子，如果到吳國去，就得臣服於人，因為天無二日啊！政治這種事的規律是一定的，就是大國併掉小國，這是必然趨勢。就這個角度來看，魏大吳小，所以，魏能併吳，但吳不能併魏，這是很清楚的事。但一樣向人臣服，對小國稱臣就不如對大國稱臣，與其忍受兩次恥辱，不如只受辱一次！」

「換個角度來講，若打算撤到南中，就應該事先計畫，才有可能成功。現在敵人已近在眼前，災禍就要降臨，在這麼大的壓力之下，誰能保證誰不會臨危變節？恐怕出發前，會有不可預料的變數；這一來，還能到得了南中嗎？」

吳國不該去，南中去不成，鄧艾大軍又快到了；如果投降，萬一鄧艾不肯答應，該怎麼好呢？

針對這樣的疑慮，譙周對劉禪拍胸保證：

「如果陛下投降，而魏國還不肯給您封地，我就親自到魏國京都，用古代的大義與他們爭論。」

劉禪聽了，依然拿不定主意，他還在想著南中的事，譙周乾脆直接點破：

「南中地方遠，人民還未開化，朝廷平常也不怎麼要他們供奉納稅；這樣的優厚待遇，沒事還經常鬧事。當年在諸葛丞相的兵威壓力下，才勉強服從。如今在這種情況下，就算到得了南中，對外要抵抗敵人，對內則有龐大的日常開銷，所需的人力物力，一定得從蠻夷部落中取得；這麼一來，他們會不反叛嗎？」

## 劉禪投降蜀漢滅亡

句句屬實，事事就理，劉禪終於決定投降，蜀漢正式走入歷史。自公元二二一年（魏黃初二年）劉備稱帝算起，蜀漢共享祚四十二年，在三國中第一個拉下鐵門收攤打烊。

劉備一世英雄，卻虎父生了犬子，葬送了他辛苦打下來的江山。但阿斗劉禪雖是個窩囊廢，卻又生了個頗有志氣的兒子北地王劉諶。

劉諶堅決反對投降，憤怒地向老爸厲聲抗議：

「就算魚死網破，我們也應君臣背水決戰，同為社稷而死，才有臉見先帝於地下，為什麼要投降？」

然而，這話要能聽得進去，劉禪也就不會是阿斗了！

劉禪正式豎白旗那一天，劉諶先跑到劉備廟痛哭祭拜，再將妻兒殺死後自殺，算是給淪亡的蜀漢爭了最後的一點尊嚴！

二十五

# 西陵之戰：

## 陸抗 vs. 步闡／楊肇／徐胤／羊祜

陸抗以一敵四的經典戰役

# 戰役一覽表

一、發生年代：公元二七二年（晉泰始八年）。

二、戰爭原因：東吳西陵督步闡叛吳降晉，晉方派出三路大軍接應，東吳大將陸抗領軍以一敵四。

三、天下形勢：蜀漢已於九年前滅亡，曹魏也於五年前爲司馬氏所代，三分天下形成晉、吳對峙，而吳主孫皓昏庸腐敗，全賴陸抗撐持大局。

四、雙方主將：陸抗vs.步闡／楊肇／徐胤／羊祜。陸抗副將：左奕、吾彥、孫遵、留慮、朱琬、張咸。

五、運用策略：陸抗圍點（西陵步闡）打援（楊肇），一面分派留慮、朱琬頂住徐胤，另以防禦工事擋住羊祜。當楊肇被擊敗潰逃後，步闡即因孤掌難鳴被擒，其餘二路也就起不了作用了。

六、造成影響：避免了晉軍的破竹效應，暫時保住了東吳國祚。

公元二七二年（晉泰始八年），吳主孫皓徵召昭武將軍、荊州西陵督步闡入京，步闡心裡恐懼，遂起兵反吳降晉。

## 昏暴之君孫皓

步闡為什麼一聽皇帝召他就反？因為吳主孫皓無道，性格多變又殘忍嗜殺，是個人見人怕的大魔頭。

孫皓有個毛病，不喜歡人家看著他；臣下晉見時，除了宰相陸胤之外，從沒人敢把眼光往上抬。不僅如此，任何人只要稍不順他的心，說宰就宰，絕不手軟。大臣徐紹奉命來京報命，明明已經回去了，只因聽人說徐紹曾出言讚譽中原之美，孫皓就氣得把他追回來殺了。

有一次，孫皓宴請群臣，有個盧江王蕃酒醉趴了下來。孫皓懷疑他裝醉，讓人用轎子把他抬出去；沒多久，又把他召回來。一看王蕃竟一副若無其事的樣子，孫皓認為王蕃騙他，一怒之下，把他砍了！

孫皓的恐怖，由此可見一斑。

## 步闡造反，晉軍三路接應

步家從老爸步騭、老哥步協到步闡，世代為西陵督，從來都沒啥事；忽然間，皇帝命他到京師建業。步闡一怕失職，二怕有人講他小話，三怕天威難測，乾脆反了。

步闡一反，晉武帝司馬炎立刻派出三路大軍接應。荊州刺史（當時荊州北部屬晉，中南部屬吳）楊肇負責赴西陵迎步闡，車騎將軍羊祜走江陵，巴東監軍徐胤率水軍擊建平；江陵在西陵之右，建平在左，三路大軍對西陵形成包覆之勢。

## 陸抗指揮若定

東吳荊北軍事總指揮陸抗，立刻派將軍左奕與吾彥領兵討伐，並嚴令西陵一帶駐軍火速築造高峻的圍牆；一方面把西陵圍困孤立，另一方面可以抵抗晉軍。由於陸抗催逼甚急，眾人很吃不消。諸將們都進言說：

「眼前應憑藉三軍的銳氣，直接攻取步闡，在晉軍救援來到以前，就可以拿下西陵；何必大費周章築牆，把軍民搞得筋疲力盡呢？」

陸抗回答：

「西陵城素來堅固，糧食又充足，而且所有的防禦設施，都是我當年細心規畫建構，不是一下子可以攻破的。如果在我們攻擊時，晉軍來到，而我們又沒有良好防備，步闡從裡攻，晉軍自外打，我們將腹背受敵，到時怎麼應對？」

諸將聽不進去，還是主張先攻西陵城。陸抗為了讓他們心服，允許他們試打一次；果然無功而返，諸將這才死心，專心築牆，很快地完成了這個大規模的防禦工事。

## 不理羊祜，直取楊肇

圍牆才剛築好，羊祜的五萬大軍已到江陵。羊祜是當時西晉第一名將，諸將都以為陸抗應先放開西陵而直奔江陵對抗羊祜；但陸抗對戰勢了然於胸，認為應放開江陵而逕赴西陵，道理很簡單：

「江陵城堅固，兵眾也充足，沒什麼好擔心的；就算敵人取得江陵，也會守不住，我們不會有太大的損失。但西陵則不然，若失守於晉，則南山的眾多夷族就會騷動；這一來，造成的禍害損失將難以估計。」

陸抗一面率軍奔赴西陵阻擋楊肇，一面令公安督孫遵對抗羊祜，水軍督留慮迎戰徐胤。

陸抗一到西陵，正好東吳將軍朱喬營督俞贊叛逃投楊肇。陸抗知道俞贊在軍中任職頗久，熟悉吳軍虛實，尤其幾處由夷兵負責防守的據點特別弱，判定楊肇一定會聽俞贊的話搶攻這幾個弱點，於是立刻把夷兵撤下，換上精兵防守。隔天，楊肇果然大舉來攻這些「弱點」，陸抗早備好千弓萬弩，頓時箭如雨下，楊肇大敗，士卒死傷不計其數；熬了幾天，實在使不出招來，只好趁著夜裡，摸黑撤退。

陸抗原來想趁勝追擊，但顧慮到步闡可能伺機來襲，自己的兵力並不充裕，無法兩邊兼顧，便整肅兵眾，大肆擊鼓，擺出追殺的態勢。楊軍開始驚慌失序，乾脆自卸武裝，輕身奔逃。陸抗見機，派出輕裝騎兵掩殺，楊軍徹底崩潰；陸抗旋即回師，將西陵攻破，擒斬步闡家族及其同謀將吏數十人。

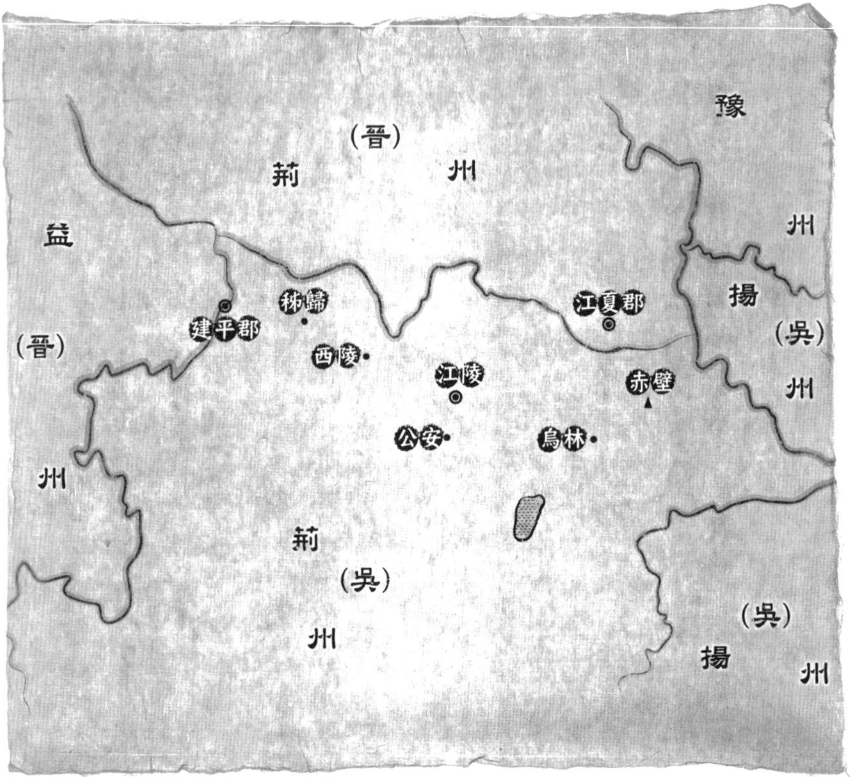


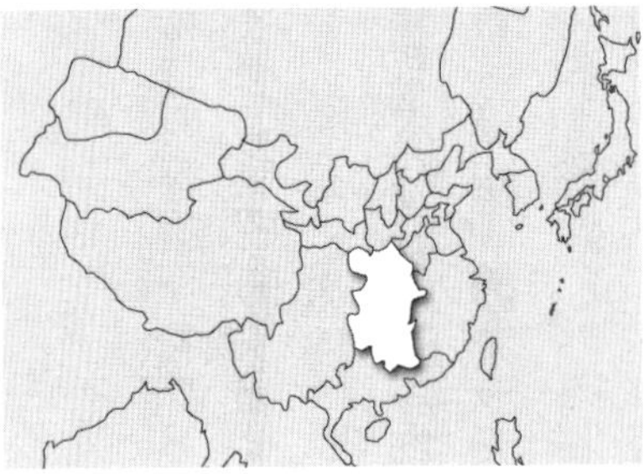

## 西陵之戰

西陵督步闡叛吳降晉，晉武帝派荊州刺史楊肇赴西陵迎步闡，車騎將軍羊祜走江陵支應，巴東監軍徐胤率水軍擊建平。

東吳荊北軍事總指揮陸抗，親自領兵赴西陵阻擋楊肇，一面下令築牆將西陵孤立，另派公安督孫遵對抗羊祜，水軍督留慮迎戰徐胤。

陸抗在西陵大破楊肇，擒殺步闡，徐胤被留慮頂住不能動，羊祜則受阻於江陵地勢，無法呼應楊肇。楊肇敗後，羊祜也無功而返，步闡之亂遂平。

## 羊祜無奈回師

楊肇全軍覆沒，另一路羊祜軍也不順利，因為陸抗早在江陵做好最佳防禦措施，發揮了阻敵效果。

江陵以北，就是晉境，道路平坦易行，一旦晉軍南下，就可直撲江陵。陸抗未雨綢繆，早就敕令江陵督張咸築水壩遏水，利用壩水將平地漬成難行泥濘地。羊祜發現道路難行，揚言將破壞水壩，將水放掉，好讓步兵通行。其實他的用意正好相反，真正的目的是想利用壩水以船運糧。陸抗看穿了羊祜的伎倆，急令張咸火速將水壩摧毀，諸將不明究理，屢次勸諫，陸抗嚴辭拒絕。羊祜走到半路，知道水壩已遭破壞，如意算盤落空，只好棄船改車。這一來，費力又耗時，還沒到江陵，楊肇已經全軍覆沒；羊祜無奈，只好引兵退去。這場西陵之戰，就以晉慘敗，吳全勝告終。

二十六

# 晉滅吳之戰：

## 司馬炎 VS. 孫皓

## 三國史的終結戰

# 戰役一覽表

一、發生年代：公元二七九至二八〇年（晉咸寧五年至太康元年）。

二、戰爭原因：蜀漢亡國已十六年，晉武帝司馬炎決定完成統一中國的大業，因而大舉攻吳。

三、天下形勢：東吳長城陸抗去世已五年，吳主孫皓昏暴，吳國力竭民盡，而晉已據天下十分之七、八，三國時代已近尾聲。

四、雙方主將：司馬炎vs.孫皓。

司馬炎副將：賈充、杜預、王濬、王渾、司馬伷、胡奮、王戎。

孫皓副將：張悌、沈瑩、諸葛靚、孫震、張眾。

五、運用策略：晉、吳國力懸殊，晉師一至，吳軍即潰，而王濬從益州走長江，一路東行，直趨建業，兵臨吳國京師城下，孫皓無力回天而出降。

六、造成影響：終結了三國時代，西晉統一天下。

公元二七九年（晉咸寧五年），晉朝以賈充為大元帥，派司馬伷出涂中，王渾出江西，王戎出武昌，胡奮出夏口，杜預出江陵，王濬和唐彬自巴、蜀走長江東向，東西共六路大軍，總兵力達二十餘萬，浩浩蕩蕩地大舉伐吳。

## 十年籌畫伐吳

事實上，從晉武帝司馬炎決心滅吳到實際行動，前後經過了十年時間的醞釀與籌畫。

公元二六九年（晉泰始五年），司馬炎以尚書左僕射羊祜都督荊州諸軍事，鎮守於襄陽。

當時的荊州，分屬於晉、吳，約占荊州四分之一的荊北屬晉，其餘四分之三的中、南部屬吳。襄陽位於晉、吳邊境，司馬炎讓羊祜坐鎮荊州，目的很明顯，讓他籌畫伐吳大計。

羊祜以為，伐東吳的最佳策略是，從益州走長江水路，順流而東，直趨東吳京師建業。為此，他特別器重手下參軍王濬。羊祜的姪子羊暨認為王濬志大又奢侈，不但不應重用，反而還應加以壓制。

## 水師奇才王濬

對於羊暨的看法，羊祜很不以為然：

「王濬有大才，雖奢侈，但我會盡量滿足他，好讓他發揮大作用。」不但不壓制他，反而奏請司馬炎派任為益州刺史，讓他治理水師。

王濬到益州後，司馬炎要他調派屯田兵造戰艦。部屬何攀對王濬說：

「屯田兵不過五六百人，造船是長期工程，不是一下子就能辦好；如果只以這麼少的人力造船，船還沒完成，船身可能都爛掉了。應該把各郡兵力召集起來，湊個一萬多人，不過一年，就可完工。」

王濬覺得有道理，打算先呈報再徵集兵力，何攀又把他勸住了：

「朝廷一下子聽到您要調集一萬軍，一定不會答應。不如先別上報，直接向各郡徵集兵員。反正從益州到朝廷（在洛陽），或從朝廷到益州，來回路途遙遠，加上行政作業時間，一定會拖很久；我們先著手造艦，就算朝廷不准，公文下來，計畫也已完成，攔也攔不住了。」

王濬聽從何攀的意見，終於造成了長一百二十步，能容納兩千多人，還可以跑馬的大型戰艦艦隊。

## 千尋鐵索橫斷長江

王濬造船時，木頭削下來的木屑順流漂到了東吳境內；臨晉境的建平郡太守吾彥很機警，立刻上報吳主孫皓：

「晉國一定有攻吳的計畫，應加派兵力強固建平要塞的守備。」

孫皓是個昏暴之君，根本不把吾彥的話當一回事；吾彥無奈，只好製作大型鐵索，將長江橫斷，藉以抵擋晉軍艦隊。

公元二七二年（晉泰始八年），吳西陵督步闡反吳投晉，晉、吳在西陵大戰，東吳大將陸抗擊敗了前來支援步闡的三路晉軍。羊祜在這次戰役中，真正領教了陸抗的厲害，於是放緩了伐吳的腳步，改採軟性戰術，在晉、吳邊境與陸抗「相敬如賓」地對峙，藉以弱化東吳軍民的對抗意識。

公元二七四年（晉泰始十年），東吳唯一的護國長城陸抗去世，羊祜立刻上書司馬炎，詳陳伐吳之策。朝中大臣大多耽於安樂，不願輕啟戰端，紛紛表示不可；除了司馬炎外，只有度支尚書杜預與中書令張華贊同。

## 羊祜最後的叮嚀

公元二七八年（晉咸寧四年），羊祜知道自己的身子骨不行了，以病求入朝，司馬炎特別禮遇，讓他乘轎入宮殿，不拜賜坐。羊祜知道自己來日無多，面陳伐吳大計；司馬炎很讚賞羊祜的計畫，顧慮他的健康不佳，不讓他再進殿詳談，特派張華移樽就教，進一步聽取羊祜的意見。羊祜說：

「孫皓暴虐已極，吳國民不聊生，不必爭戰就可征服，千萬要掌握這個好時機；否則，萬一孫皓突然暴斃，吳國換了好新主，我們即便有百萬大軍，恐怕也過不了長江，後患無窮無盡啊！」

張華聽了，深表贊同，羊祜很欣慰地說：

「能成就我志向的，一定就是你了。」

司馬炎聽了張華回報後，打算讓羊祜躺著統帥大軍出征；羊祜知道自己支撐不了繁劇軍務而婉辭；臨死前，推薦杜預自代。

## 時乎時，不再來

羊祜死後一年，王濬眼看晉武帝還沒動靜，便上書陳奏：

「趁著孫皓荒淫凶逆，應盡速征伐，否則一旦孫皓死掉，吳國更立賢王，就會變成強敵。臣造船已七年，經常有船朽敗；臣現高齡七十，來日無多，希望陛下能掌握這個最佳時機。」

司馬炎看了王濬的奏章，伐吳之意更形堅定。

不僅王濬急，杜預更急；一個月之內，連上兩道奏章，一再強調最佳時機，稍縱即逝。當第二道奏章到時，司馬炎正與張華下圍棋；張華看過杜預的奏章後，立刻一手將棋盤推開，很嚴肅地向司馬炎說：

「陛下聖明英武，國家富裕，兵力強大；吳主孫皓淫虐，誅殺賢能；趁現在去討伐他，可以不勞而定，請不要再遲疑了！」

司馬炎點頭稱是，立刻安排人事，下令大軍出動；一場滅吳大戰，於焉展開。

## 一場高格調的對峙

司馬炎在這個時候出兵，可說選對了最佳時機：

一、羊祜自江陵之敗後，隨即在荊州晉吳邊境與陸抗展開對峙。陸抗不僅是當時東吳第一名將，即使在中國歷史上，也是第一流軍事家，足智多謀又善於用兵，羊祜自知力抗難敵，遂採軟功懷柔吳國軍民。雙方交戰之前，羊祜一定先知會對方，從不做偷襲之舉；行軍入吳境割穀為糧時，必以等值的好絹償付；打獵時更從不越界，如有獵物為吳人擊傷而為晉人所獲，一概送還。羊祜這種對敵人講信修睦的行為舉止，讓吳人大為歎服，每每稱他為羊公而不名。

不僅一般吳人對羊祜尊敬有加，連陸抗也對羊祜佩服不已。陸抗生病時，羊祜派人送藥來，部屬們都力勸不要服用。陸抗講了一句千古名言：

「豈有酖人羊叔子（羊祜，字叔子）哉？」

意思是說，這世上哪有會以毒藥害人的羊祜呢？

說完，隨即將藥服下。

羊祜對陸抗亦復如此，陸抗送酒過來，羊祜也不疑有他，痛快暢飲。

陸抗的用兵能力在羊祜之上，但羊祜修道信以懷柔吳人的戰術，讓他無法盡情揮灑——以武力對決敵人。陸抗和敵人「禮尚往來，講信修睦」，曾引起吳主孫皓的責備。陸抗這麼回應：

「就算小村莊、小鄉鎮，都不能沒有信義，何況我們這麼大的國家；臣之所以不願詭詐應對，正是要彰顯羊祜的德行；否則，就算逆其道而行，也傷不了羊祜啊！」

陸抗的態度，代表羊祜已在兵不血刃之間，瓦解敵人的鬥志了。

二、東吳名將陸抗去世已五年，陸抗是陸遜之子，也是東吳唯一能抵擋晉軍的人。西陵戰役中，陸抗運籌帷幄，以一敵四，不但擒斬叛將步闡，還擊退來援的三路晉軍，連羊祜面對陸抗時，也無可奈何。陸抗一死，東吳境內不但不再有能員勇將，也不再修整戰備；整個東吳已近不設防，只待晉軍長驅直入，逕取建業，生擒孫皓而已！

三、晉兵南下時，孫皓已在東吳龍椅上坐了十五年（公元二六四至二七九年，魏咸熙元年至晉咸寧五年）。

## 孫皓的昏暴

孫皓剛上台時，還表現出一副明主的模樣，不但體恤士民，開倉濟貧，還放生苑中禽獸，將宮女配給無妻軍民。但這只是個假象，等到他真正掌握了權力之後，就全走了樣；粗暴驕盈，多忌諱，好酒色，酷刑濫殺，文過飾非，又不修戰備，弄得上下離心，國弱民貧。

有一次，孫皓受到奸人唬弄，說他終為天下之君。於是，他便帶著太后、皇后及後宮數千人，驅動大軍，從牛渚西上，試圖攻晉。路上碰到大雪，道路崩塌，軍不得行，孫皓命令全副武裝的兵士，一百人拉一車，結果凍死、累死了許多人。士卒們憤怒不已，都揚言：「如果碰到敵人，一定倒戈！」孫皓聽了，心裡害怕，才掉頭回去。

## 張悌領軍拒守

未戰就分崩離析，吳國敗亡已是指日可待。當晉兵南下時，一路勢如破竹，有的是一擊即潰，有的不戰自潰，有的乾脆不戰而降；除了丞相張悌，舉國上下沒有一個力戰或死節之臣。

孫皓聽到王渾大軍從江西南下，派張悌率丹楊太守沈瑩、護軍孫震、副軍師諸葛靚領兵渡長江決戰。

吳兵來到江邊牛渚時，沈瑩對張悌說：

「晉人在益州訓練水師已經很久了，長江上游諸軍素來沒戒備，名將大都戰死，晉軍恐怕很快就到，我們不妨積蓄力量，在此決一死戰。如果幸運獲勝，長江以西就能安定；反之，如果現在就渡江與晉軍決戰，若不幸戰敗，將難以回頭，這一來，大勢去矣！」

沈瑩的意思是，先不管王渾軍，反正王渾兵還未到，而是在牛渚等由益州循長江而東的王濬過來，再傾全力一戰。只要能打敗王濬，則不但牛渚以西的長江可以穩下來，長江本身也形成一條堅固的天險防線，王渾將不易過江，便可憑江固守。

平心而論，就戰論戰，尚不失為好計謀。沒想到，張悌另有想法：

「吳國將亡，不論賢愚早都知道，不是始自今天。若是等王濬兵臨牛渚，表示他一路過關斬將，恐怕將士們都將眾心駭懼，再也無法整合，又要如何決戰？不如趁現在軍心尚未完全鬆動時渡江會會王渾，或許還可一搏；就算打敗了，一起為社稷而死，了無遺憾。反之，若能打勝，敵人敗逃，我軍氣勢大振，再乘勝追擊，將可克敵致勝。如果用你的辦法，恐怕士氣離散，等敵人一到，只有君臣俱降的分了，屆時，若沒有一個死節之臣，簡直丟臉丟到家了！」

於是下令渡江，以優勢兵力將王渾前鋒部將張喬逼降。諸葛靚認為張喬是詐降，一定會造成後患，拔刀要殺張喬，但張悌不但不肯，還帶著張喬前進，與晉將周浚結陣相對。

## 張悌死節

沈瑩首先率領五千兵突陣，但連三次衝殺都撼動不了晉軍；沈瑩無法，只有引兵撤退。這一退，兵眾即潰散，張喬立刻領軍從後追殺，吳軍大敗。諸葛靚帶著數百人逃亡，但張悌卻不肯退走；諸葛靚親自過去，牽著他的手勸道：

「興亡自有天命運數，不是您一人所能影響決定的，為何自尋死路呢？」

張悌慨然回道：

「仲恩（諸葛靚，字仲恩），今天就是我們的死期了！我從小就受你們諸葛家長輩的賞識提拔，常擔心死不得其所，辜負名賢知顧；現在我以身殉社稷，還有什麼

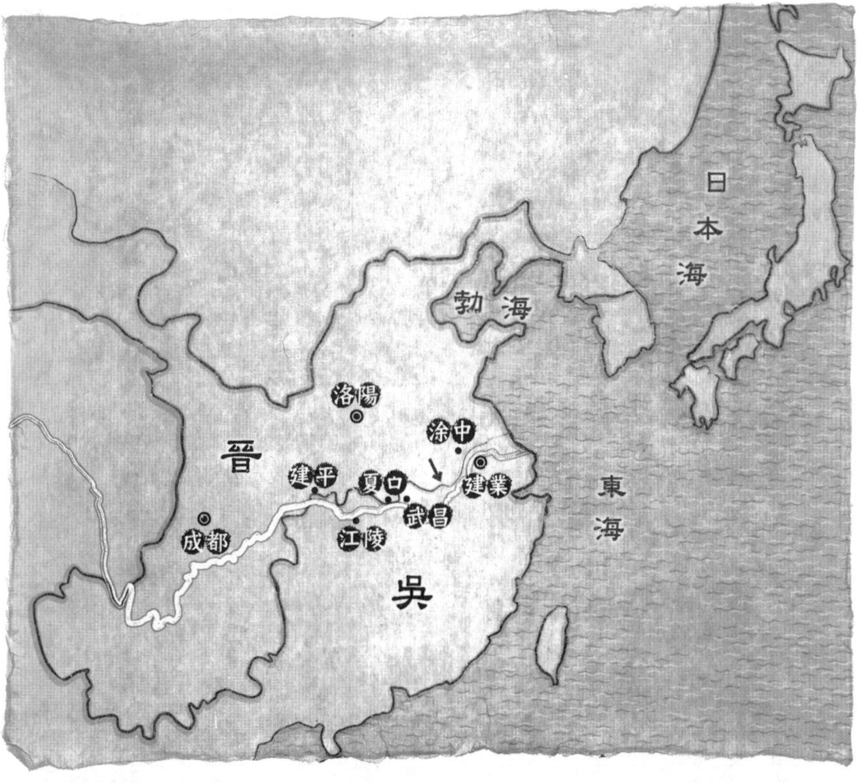


## 晉滅吳之戰

晉軍以賈充爲大元帥，分兵六路攻吳。

司馬伷出涂中、王渾出江西（箭頭處）、王戎出武昌，胡奮出夏口，杜預出江陵、王濬從建平走長江東行。

六路晉軍，一路勢如破竹，丞相張悌戰死，守將降的降，死的死，吳軍毫無抵抗能力。

主力軍王濬率水師，從益州建平直趨建業，一路過關斬將，克西陵、下夷道，在武昌收降吳將劉朗與虞昺，然後奔向建業，艦隊到石頭城時，吳主孫皓已跪迎於城外，吳亡。

好遺憾的！」

諸葛靚再三拉他，張悌硬是不動，無奈只有流著眼淚放他走了。沒多久，回頭再看，張悌已為晉兵所殺。不只張悌，孫震、沈瑩等共八千人也全被斬。消息傳出，吳人大為震恐！

## 王濬樓船下益州

六路晉軍中，兵威最盛、戰功最高的，莫過於王濬。

晉兵初起時，司馬炎就指示，王濬在建平之前受杜預節度，到建業則受王渾節度。

建平位於荊州和益州交界，王濬水師從益州順長江而東，一到建平，就面對當年吾彥的橫江鐵索，以及暗置於江中、長一丈多的大鐵錐，攔住了王濬戰艦的去路。

王濬毫不遲疑，立刻製作了數十具長寬各百餘步的大筏，順流而下，以水流加上大筏的力量，將鐵錐順勢帶走。另外又製作了許多長十餘丈的粗大火把，澆上麻油，點上火，將鐵鎖燒融，終於將江面清除；一路過關斬將，克西陵，下夷道，大破吳軍都督孫歆，擊殺吳水軍都督陸景。沒多久，又在武昌與王戎軍會師，收降江夏太守劉朗與都督武昌諸軍的虞昺。武昌得手後，吳軍的臨江防線，已近瓦解，王濬遂直趨吳國京師建業。

前面提過，司馬炎曾有詔令，王濬在建平之前受杜預節度，至建業時受王渾節度。

杜預南下不久，就攻取了江陵，隨即公開表示：

「王濬若能收建平，就可順流長驅，建立威名，這時，就該讓他盡情揮灑，不宜再受我節度；反之，若建平不能下，受不受我節度，也沒有什麼意義了。」

王濬推進到西陵後，杜預知道最難的關卡已過，寫信鼓勵他直取建業，建立大功大業；王濬大喜，便奮力朝建業趨近。

王濬想攻建業取頭功，其他將領又何嘗不想？

揚州刺史周浚殲滅張悌後，部屬何惲便發現了好機會，對周浚提出建議：

「張悌敗死，吳國精兵耗盡，朝野震懾。現在王濬已攻破武昌，乘勝而東，一路所向披靡，東吳已臨崩潰邊緣，我們應火速渡江，建業當可不戰而下。」

周浚覺得有道理，想派人向主帥王渾報准；何惲認為王渾不懂軍事又怕事，一定會擔心萬一攻勢不順而獲罪，恐怕不會批准。周浚不願擅自出兵，堅持要何惲親自去向王渾請示。王渾果然給打了回票：

「周刺史誠然勇武，但平定江東這等大事，也不是他一個人當得了的。如果輕舉妄動，即使勝利，也是理所當然的，不會加功；若是失敗，則罪莫大焉！況且王濬奉詔，到建業時受我節度；你們不妨先做好準備，等王濬一到，大家再一起合力進擊。」

何惲可真看透了王渾，自己無能不敢攻，又不願讓人搶功；王濬雖然勇略能戰，但若在他的節度下攻取建業，則功勞還是他王渾的。何惲看透了王渾的如意算盤，忍不住反駁：

「王濬一路乘勝而來，讓他以既成之功受您節度是不可能的。將軍您身為統兵將帥，見可而進，理所當然，難道還得事事請示，拘泥於詔令嗎？趁現在這個好時機渡江，勝利已穩如泰山，還有什麼好憂慮遲疑的？這可真讓我們揚州將士痛心啊！」說了半天，王渾還是不肯。

## 一片降幡出石頭

王濬從武昌一路東向，直趨建業，孫皓派游擊將軍張象帶著一萬水師在半路迎擊。張象看到王濬艦隊兵威旺盛，打都不敢打，立刻投降；吳國軍民最後一線希望落空，心中更加恐懼不已。

當王濬大軍行至離建業不遠的三山時，王渾寫信要王濬停止前進過來議事。王濬回報風大船快，停不下來；不但不理會王渾，還扯直了風帆加速前行，在當天內抵達建業。王濬的八萬大軍與綿延百里龐大艦隊的陣仗，大肆鼓譟地進軍石頭城時，只見城上插滿了降旗，孫皓已將自己綑綁，跪迎於城外投降了，東吳自此正式滅亡。

五百四十四年後，也就是公元八二四年（唐長慶四年），大詩人劉禹錫寫下了傳頌千古的〈西塞山懷古〉名篇；其中前四句對王濬讚賞不已：

王濬樓船下益州，金陵王氣黯然收。
千尋鐵索沉江底，一片降幡出石頭。

吳國亡時為公元二八〇年（晉太康元年），從這年開始，三國時代也正式走入歷史。

# 三國奇士與國士

李安石 著
定價 二四○ 元

一次認識三十三位第一流高人

最擅剖析歷史、
說精彩故事的李安石，
為你描繪獨領風騷的三國奇士與國士，
包括
文武雙全的美男子周瑜、
東吳第一號戰略家魯肅、
首倡迎天子以令諸侯的毛玠、
曹營功臣兼漢室忠臣荀彧、
三國第一怪才賈詡、
永不妥協的硬漢蓋勳、
東萊義士太史慈、
劉備取蜀的第一功臣龐統……
告訴你三國人物是如何睿智英明，
一身傲然風骨！
想認識第一流高人，
就來讀三國！

**暢讀三國，縱橫歷史，十五位名家，熱誠推薦**

**蘋果日報總主筆 卜大中、知名歷史評論家 公孫策、知名作家、暨南大學教授 李家同、網路小說作家穹風、東華大學副教授 馬遠榮、台北大學副教授 馬寶蓮、台南一中校長 張逸群、知名作家、建國中學資深國文教師 陳美儒、淡江大學教授 曾昭旭、知名作家 廖輝英、知名作家、媒體人 蔡詩萍、網路小說作家 藤井樹，還有卡內基訓練負責人 黑幼龍、知名製作人劉德蕙、知名製作人禚宏順聯名推薦。**

# 三國群英

李安石 著
定價 二二〇 元

一次見識二十七位英雄豪傑

最擅剖析歷史、
說精彩故事的李安石，
為你勾勒頂天立地的三國群英，包括
忠義武勇的代表人物關羽、
粗中有細的萬人敵張飛、
人格完美的武將典範趙雲、
第一勇將呂布、
八百騎大破孫權的名將張遼、
三日不見令人刮目相看的呂蒙、
料必中策必成的陸遜、
赤壁獻策大破曹操的黃蓋、
不屈死義的烈將龐德……
告訴你三國人物是如何驍勇善戰，
氣吞萬里如虎！
想見識英雄豪傑，
就來讀三國！

**暢讀三國，縱橫歷史，十五位名家，熱誠推薦**

**蘋果日報總主筆 卜大中、知名歷史評論家 公孫策、知名作家、暨南大學教授 李家同、網路小說作家 穹風、東華大學副教授 馬遠榮、台北大學副教授 馬寶蓮、台南一中校長 張逸群、知名作家、建國中學資深國文教師 陳美儒、淡江大學教授 曾昭旭、知名作家 廖輝英、知名作家、媒體人 蔡詩萍、網路小說作家 藤井樹，還有卡內基訓練負責人 黑幼龍、知名製作人劉德蕙、知名製作人禚宏順聯名推薦。**

國家圖書館出版品預行編目資料

三國戰役 / 李安石 著.
-- 初版. --臺北市 : 商周出版 : 家庭傳媒城邦分公司發行, 民95
面： 公分.-- （縱橫歷史；1）

ISBN 978-986-124-716-8（平裝）
1. 戰爭 - 中國 - 三國 （220-280）

592.9223 95014060

縱橫歷史 01

# 三國戰役

作　　者／李安石
副總編輯／楊如玉
責任編輯／程鳳儀

發 行 人／何飛鵬
法律顧問／中天國際法律事務所周奇杉律師
出 版 者／商周出版
台北市中山區104民生東路二段141號9樓
電話：(02) 25007008　傳眞：(02)25007759
E-mail：bwp.service@cite.com.tw
發　　行／英屬蓋曼群島商家庭傳媒股份有限公司城邦分公司
台北市中山區104民生東路二段141號2樓
書虫客服服務專線：02-25007718・02-25007719
24小時傳眞服務：02-25001990・02-25001991
服務時間：週一至週五09:30-12:00・13:30-17:00
郵撥帳號：19863813　戶名：書虫股份有限公司
讀者服務信箱E-mail：service@readingclub.com.tw
歡迎光臨城邦讀書花園　網址：www.cite.com.tw
香港發行所／城邦（香港）出版集團有限公司
香港灣仔軒尼詩道235號3樓　網址：hkcite@biznetvigator.com
電話：（852）25086231　傳眞：（852）25789337
馬新發行所／城邦(馬新)出版集團 Cite (M) Sdn. Bhd. (458372 U)
11.Jalan 30D/146. Desa Tasik.Sungai Besi.
57000 Kuala Lumpur. Malaysia.　E-mail ： citecite@streamyx.com
電話：（603）90563833　傳眞：（603）90562833

封面設計／A+design
電腦排版／冠玫電腦排版股份有限公司
印　　刷／韋懋印刷事業有限公司
總 經 銷／農學社
電話：(02)29178022　傳眞：(02)29156275

■2006年08月14日初版　printed in Taiwan
■2012年11月26日初版5.5刷
定價240元
 ISBN 978-986-124-716-8

商周出版

| 廣　告　回　函 |
| --- |
| 北區郵政管理登記證 |
| 北臺字第000791號 |
| 郵資已付，免貼郵票 |

104台北市民生東路二段141號2樓

英屬蓋曼群島商家庭傳媒股份有限公司城邦分公司○○○○○○收

▼

書號：BH3001　書名：三國戰役

請於此處用膠水黏貼

# 讀者回函卡

**謝謝您購買我們出版的書籍！**

**請花點時間填寫此回函卡，我們將不定期寄上城邦集團最新出版訊息。**

姓名：______________________________

性別：□男 □女 生日：西元________年________月________日

地址：______________________________

聯絡電話：________________ 傳真：________________

E-mail：______________________________

學歷：□小學 □國中 □高中 □大專 □研究所以上

職業：□學生 □軍公教 □服務 □金融 □製造 □資訊

□傳播 □自由業 □農漁牧 □家管 □退休 □其他

**您從何種方式得知本書消息？**

□書店 □網路 □報紙 □雜誌 □廣播

□電視 □親友推薦 □其他________________

**您通常以何種方式購書？**

□書店 □網路 □傳真訂購 □郵局劃撥 □其他____________

**您喜歡閱讀哪些類別的書籍？**

□財經商業 □自然科學 □歷史 □法律 □文學 □休閒旅遊

□小說 □人物傳記 □生活、勵志 □其他____________

**對我們的建議：**

______________________________

______________________________

______________________________

______________________________

請於此處用膠水黏貼